インプレス R&D ［ NextPublishing ］

New Thinking and New Ways
E-Book / Print Book

IoTビジネス

位置情報トラッキングでつくる

LOCATION TRACKING

片岡 義明 — 著

人・モノ・データをリアルタイムでつなぐ
このサービスがすごい！

JN194555

はじめに

　センサー経由でさまざまなモノがインターネットにつながり、その状態をリアルタイムに把握する"IoT（Internet of Things）"。この言葉がよく聞かれるようになったのは2010年代になってからだが、実はそれ以前にもセンサーを使って遠隔地から状態を知る試みはさまざまな分野で行われていた。中でもモノや人の位置情報をリアルタイムに把握する取り組みは早くから行われており、その位置情報を可視化する上での背景となるデジタル地図の普及とともに、これまで進化し続けてきた。

　IoTは、離れた場所の環境や動きを把握したり、映像を監視したり、モノを操作したりと、使い方は多種多様であるが、本書はその中でも"位置情報の追跡（トラッキング）"に焦点を当てている。位置情報の追跡というと、個人レベルでは個人情報保護の観点からネガティブに語られることも多いが、持ち物の管理や子どもや高齢者の見守り、山岳遭難の防止など、幅広い分野での利用が進んでいる。一方、ビジネスの現場では、車両管理をはじめとして、保守や営業などフィールドスタッフの行動管理、物品管理などにおいて欠かせない技術となっている。

　こうした中、近年では位置情報トラッキングの技術に大きな変化が起きようとしている。ひとつは測位技術の進化だ。2018年11月に本格的に運用開始となった日本版GPSの準天頂衛星「みちびき」による高精度測位により、従来に比べて大幅な高精度化が可能となった。センチメータ級（誤差数センチ）の精度をウェアラブル機器で実現するにはまだ時間がかかるかもしれないが、サブメータ級（誤差1～2m）の精度ならばサイズ的にもコスト的にもすでに十分に実現可能である。さらに屋内測位についても、BLEビーコンの普及やPDR（歩行者自律航法）の進化により、屋内外のシームレスな測位が可能となりつつある。

一方、測位した位置情報をインターネット経由でクラウドに送信するための通信技術にも大きな変化が起きようとしている。これまでは携帯電話キャリアが展開する3G/4G回線が主流だったが、これよりも低コストで広範囲からデータを受信できるLPWAが登場し、徐々に普及しつつある。省電力性に優れるとともに、通信費も安いLPWAを使うことにより、3G/4G回線ではカバーできなかったエリアでもIoTデバイスからの情報を収集することが可能となる。さらに、日本において衛星通信による位置情報の追跡サービスが始まったことも見逃せない。

　本書の第1章では、このような位置情報のトラッキングをテーマに、コマツの「KOMTRAX」やセコムの「ココセコム」など、まだIoTというキーワードが知られていなかった頃から続く息の長いサービスから、みちびきの高精度測位やLPWAを使った最新のサービスや、まだ実証実験段階のものまで、個人向け・法人向け問わず幅広く事例を集めた。

　第2章では、位置情報のトラッキングを実現するための測位技術と通信技術の2つの現状について解説するとともに、これらの技術を使った最新デバイスを紹介している。

　さらに第3章では、さまざまな企業が提供する動態管理サービス／ソリューションについて、それぞれの内容を詳しく紹介した。これから動態管理サービスを導入したいと検討中の人や、位置情報を扱うIoTサービスの動向に興味のある人に、ぜひ役立てていただきたい。

　最後に、本書の各章において取材に応じていただいた方々、インプレスR&Dの錦戸陽子氏をはじめ本書の制作に関わった方々に深く感謝を申し上げる。

2019年3月

片岡義明

目次

はじめに ……………………………………………………………………… 2

第1章　位置情報を追跡すると、こんなことができる ……………… 7

モノを見守る ……………………………………………………………… 8
「AlterLock」———サイクリストのこだわりを具現化したSigfox対応の防犯デバイス ……………………………………………………………………… 8
「TranSeeker」———物流パレットの位置情報を把握してレンタル品を回収 … 11
「KOMTRAX」———多発する建機の盗難にGPSトラッカーの搭載で対抗 …… 16
「MAMORIO」———駅の遺失物センターにIoTゲートウェイを設置して紛失物を検知 ………………………………………………………………………… 19

人を見守る ………………………………………………………………… 27
「TREK TRACK」———LoRa対応のGPSトラッカーで山岳地の遭難を防止 ‥ 27
「ココセコム」———全国約2800カ所の拠点から緊急対処員が現場へ急行 …… 33
「新PITシステム」———警察官の居場所をスマホ＆スマートウォッチでリアルタイムに共有 ……………………………………………………………… 36
「Coaido119」———人が突然倒れて動かないとき、付近の救命資格者に一斉連絡41

移動を追う ………………………………………………………………… 51
「MOV」———位置情報の可視化が実現した運賃無料の"0円タクシー" …… 51
「ハコブリッジ」———配送を依頼したい荷主と配送車両を結ぶマッチングサービス ……………………………………………………………………… 56
「交通安全分析サービス」———移動軌跡をリアルタイムに分析して交通違反を自動的に判定 ……………………………………………………………… 58
「除雪車位置情報把握システム」———GPSトラッカーとIoT向けSIMの組み合わせで除雪業務を効率化 …………………………………………………… 61

第2章　位置情報を追跡するための技術とデバイス ……………… 75

測位技術 …………………………………………………………………… 76
GNSS（全地球衛星測位システム） ……………………………………… 76
準天頂衛星「みちびき」の高精度測位 …………………………………… 78
屋内測位 …………………………………………………………………… 81

通信技術 …………………………………………………………………… 84
3G/4G（LTE） …………………………………………………………… 84
LPWA ……………………………………………………………………… 85

衛星通信 ··· 88

位置情報トラッキングを実現する注目の最新デバイス ·················· 90
FB2003 ··· 90
BL-02 ·· 92
SPOT GEN3 ··· 95

第3章　動態管理サービス／ソリューションガイド ·················· 99
「docoです car NEXT」———安全運転支援サービスも利用可能なドコモの動態管理 ··· 100
「ビジネスナビタイム 動態管理ソリューション」———大型車にも対応する充実したカーナビ機能がドライバーに人気 ··········· 103
「iField」———位置情報付きの作業指示など便利機能が満載、屋内測位にも対応可能 ··· 106
「いつも NAVI 動態管理サービス」「テレマティクスサービス」———アプリを入れるだけで使用可能、新ナビ基盤も提供開始 ·············· 110
「Cariot」———Salesforce を使って車両やドライバーの各種情報を一元管理 ·· 114
「ugomeki」———初期費用なしで1ユーザーから使用開始できるシンプルさが魅力 ·· 119
「Bus Catch」———中小規模の送迎ニーズに応える充実機能のバスロケサービス ·· 121

参考文献 ·· 127

著者紹介 ·· 129

第1章 位置情報を追跡すると、
こんなことができる
◉

位置情報を活用したIoTサービスにはさまざまなものがあり、人やモノの位置情報を追跡するという技術そのものをサービスとして提供しているものもあれば、ある製品やサービスの魅力を高めるために位置情報のトラッキングを付加価値として提供しているケースもある。この章では、GPS機器やモバイルインターネット回線が普及し始めた頃から続いている息の長いサービスから、最新の測位/通信技術を使ったサービスまで、幅広くピックアップして紹介する。

モノを見守る

位置情報のトラッキングは、さまざまな分野においてモノの管理に役立てられている。ここでは衛星測位とモバイルネットワークやIoTネットワークを組み合わせたサービスともに、BLEタグを使ったクラウドトラッキングの事例もあわせて紹介する。

「AlterLock」―――サイクリストのこだわりを具現化したSigfox対応の防犯デバイス

提供会社：ネクストスケープ

https://alterlock.net/

　ロードバイクやマウンテンバイクなどのスポーツ自転車を趣味にしているサイクリストにとって大きな課題となっているのが、愛車の盗難対策だ。細いワイヤーロックでは小さな工具で簡単に切断されてしまうし、かといって、せっかく軽量な自転車に乗っているのに、頑丈なU字ロックなどを持ち運ぶのは避けたい。そんな悩みを解決するデバイスが、ネクストスケープが2018年12月に提供開始した盗難防止サービス「AlterLock（オルターロック）」である。

　AlterLockは、スポーツ自転車のボトルケージ（ドリンクのボトルを取り付けるためのホルダー）の台座部分に取り付ける小型デバイスを使って、GNSS受信機によって得た位置情報をLPWAの「Sigfox」経由でクラウドに送信し、位置情報を可視化するサービスだ。

　Bluetoothでスマートフォンと接続し、所有者が自転車から離れるとスマートフォンとデバイスのBluetooth接続が切れて、自動的にガード状態に移行する。ガード状態のときに衝撃が加わり、振動を検知するとデバ

AlterLockのデバイス（画像提供：ネクストスケープ）

イスからアラームが鳴って周囲に知らせる。ガード中の衝撃センサーの検知感度は3段階に変えられるため、サイクルラックに置いているときに隣の自転車とぶつかっただけでアラームが鳴ってしまう心配もない。

　デバイスからアラームが発せられると同時に、IoTネットワークSigfoxを介してクラウドにデータを送信し、所有者のスマートフォンに通知する。その際に、離れた自転車の位置を内蔵のGPSで測位し、その位置情報も一緒に送信する。これにより、所有者はアプリのマップ上で移動した地点を確認できるほか、位置情報の履歴も確認できる。

　所有者のスマートフォンが再び自転車の近くに戻ると、ガード状態が自動的に解除される仕組みになっている。専用アプリから手動でガード状態と解除を切り替えることもでき、アラームが鳴る時間を調整することも可能だ。デバイスの充電にはmicroUSBケーブルを使用し、1回の充電で約1カ月間使用できる。

AlterLockのアプリ（画像提供：ネクストスケープ）

　デバイスの価格は8900円（税込）で、このほかにサービス使用料として月額390円（税込）または年額3900円（税込）がかかる。LPWAを使った自転車用の盗難防止サービスは前例のないサービスだが、所有しているスポーツ自転車の価格帯別にマーケット調査を実施し、1000件に及ぶサンプルを分析し綿密に検討した上で料金を決定したという。

　デバイスの形状については、ボトルを複数取り付けたときに干渉するのを防ぐため、可能な限り薄型化を追究し、iPhoneとほぼ同じ厚さの8mmを実現した。また、自転車のフレームはスチールやアルミ、カーボンなど電波を吸収したり反射したりする素材が多いため、フレームの湾曲に完全に沿った形状ではなく、自転車の左サイドに張り出した形状にすることで、GPSの測位精度やSigfoxの電波送信の質を高めている。左サイドに出っ張らせた理由は、自転車の写真は変速機などのパーツが見える右側から撮ることが多く、左側に広げるほうが目立たないからだ。

AlterLockのアイデアを発案したのは、現AlterLock事業開発チームのプロダクトマネージャーを務める照山聖岳氏である。照山氏はロードバイクを趣味としており、ネクストスケープ社内にも、代表取締役社長の小杉智氏をはじめサイクリストは多い。前述した衝撃センサーの検知感度が変更できる点や、アラームが鳴る時間を設定可能な点、写真の見栄えを考慮したデバイスのデザインなど、サイクリストならではのこだわりが詰まった製品と言える。

　AlterLockの使用可能エリアはSigfoxのカバーエリアに準じており、日本国内の都市部ではほぼすべての地域で使用可能だ。Sigfoxは欧州における人口カバー率が高いため、今後は欧州へのサービス展開も検討している。また、Alterlockの技術を応用して、レンタルのベビーカーにトラッカーを搭載して防犯サービスを提供したり、農機の防犯に活用したりと、さまざまな分野への展開を検討している。

「TranSeeker」―――物流パレットの位置情報を把握してレンタル品を回収

提供会社：日建リース工業株式会社

http://www.nklogi.com/TranSeeker/

　物流の現場でモノを運搬するのに不可欠な「パレット」。さまざまなモノを移動させるのに不可欠なこのパレットに、GPSトラッカー「TranSeeker」を搭載するサービスを提供しているのが、建設用の仮設資材や物流機器のレンタル業を展開する日建リース工業だ。

　同社は以前から物流パレットのレンタルサービスを提供してきたが、物流の過程においてパレットが紛失してしまうことも多く、借り主は返却時に足りない枚数分だけ弁済金を支払う必要がある。

　ところが同社が2016年10月にスタートした新サービス「回収サービス付きパレットレンタル」では、GPSトラッカーをパレットに取り付ける

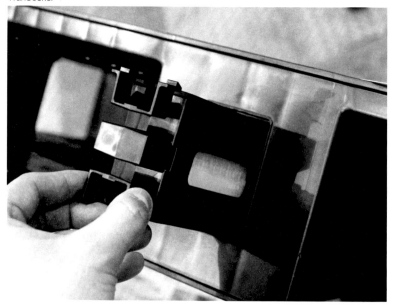

ことによってパレットの位置情報を把握し、それをもとに貸し主である同社がパレットの回収まで行う。借り主は使い終わったパレットの保管場所を管理する必要がなく、たとえ紛失しても弁済金は一切支払う必要がない。これまで物流パレットは安価な木製パレットを買い切りで使うのが主流で、"なくなるのが当たり前"と考えられてきた。これらを回収可能なレンタルパレットに置き換えることによって、廃棄費用を削減させて物流コストを抑制できる。

物流パレットは一般的に、穴の空いた部分にフォークリフトの爪を差し込んで移動するなど、工場や倉庫、トラックなどにおいて運搬しやすい形状となっている。

「回収サービス付きパレットレンタル」でレンタル提供するパレットは、新たに金型を作って開発したプラスチック製パレットで、GPSトラッカーは中央部分に設けた格納スロットに搭載する。他社でもパレットに

TranSeeker用のスロットが搭載されたプラスチックパレット

　GPS搭載をオプションで提供している会社はあるが、専用のパレットを新たに開発した企業は日建リース工業が初めてだという。

　パレットに搭載するGPSトラッカーTranSeekerは独自に開発したもので、GPSによって位置情報を取得し、3G回線を使ってクラウドにデータを送信できる。消費電力を抑えるために、GPSモジュールと通信モジュールいずれも可能な限り省電力のものを使った。バッテリーは円筒形のものを使用しており、大量のパレットを効率的に電池交換できるように、蓋を開けるだけで簡単に出し入れできるようにした。

　パレットはフォークリフトなどで運搬する際に衝撃を受けることがあり、屋外に放置されることもあるため、GPSトラッカーの外装には防水性と耐衝撃性のあるプラスチック製ケースを採用した。

　また、GPSだけでなく温度センサーと加速度センサーも搭載しており、位置情報とともにパレット周囲の温度や衝撃も測定できる。さらに、パ

レットに載せた荷物を判別するためのRFIDも搭載している。

ウェブブラウザー上でパレットの現在地を確認できる

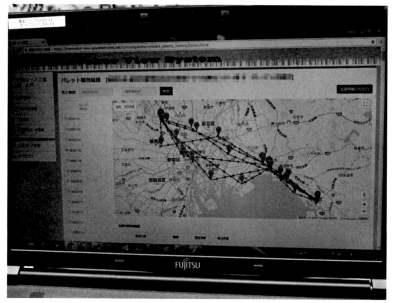

　このようなセンサーやRFIDの情報は、位置情報とともにウェブアプリ上で管理することが可能で、「回収サービス付きパレットレンタル」の利用者は無料でウェブアプリを利用できる。パレットの位置を地図上に表示できるほか、指定したエリア内に何枚パレットが存在するのかを集計することもできる。パレットの移動軌跡を地図に表示することも可能で、借り主はパレットがどのような経路を移動して、どこで紛失してしまったのかを追跡できる。

　同社は2018年12月に、新型のGNSSトラッカー「TranSeeker Ver2.0」のレンタル提供も開始した。新モデルでは、建物の中でも位置情報を取得できるように、GPSや携帯電話の基地局による測位だけでなく、Wi-Fi測位機能を搭載した。また、サイズについても、幅2.5cm減、厚さ1cm

減と小型になり、設置の自由度が高くなった。さらに、加速度センサーを搭載し、XYZ軸の加速度の値を測定することにより、受けた衝撃の方向がわかるようになった。

新型TranSeeker（画像提供：日建リース工業）

　パレットについても、従来はパレットの上からGPSを装着する設計となっていたが、新モデルは横から取り外しができるようになり、パレットの上に荷物が置いてあったり、パレットが積み重なったりした状態でも出し入れが可能だ。
　同社は今後、パレット以外のものにTranSeekerを搭載することも検討しており、金属製のカゴ車や六輪カートにも搭載していく方針だ。
　また、TranSeekerによってさまざまな荷物の位置情報やセンサーデータを取得することで物流全体のビッグデータを蓄積し、それを活用した新たなサービスの提供も検討している。たとえば荷物の在庫管理やトラックの配車管理などを分析すれば、より効率のよいやり方を提案することが可能となる。さらに、物流機器だけでなく、トラックなどの車両管理や、高齢者用の電動カートにGPSトラッカーを搭載したり、徘徊対策にGPSトラッカーを利用したりすることも検討している。

「KOMTRAX」———多発する建機の盗難にGPSトラッカーの搭載で対抗

提供会社：コマツ

https://home.komatsu/jp/company/tech-innovation/service/

　世界有数の建機メーカーであるコマツがGPSによる機械稼働管理システム「KOMTRAX」を国内向けのすべての建機に標準搭載していくことを決定したのは2001年のことである。当時、GPSトラッカーを新車のすべてに標準搭載するという試みは世界でも例のないことだった。

　コマツが同社の研究部門においてGPSによる追跡システムの開発を始めた90年代は、盗難した建機を使ってATMを破壊するという事件が社会問題となっていた。そこで、当時普及し始めていたカーナビゲーションシステム（カーナビ）に搭載されていたGPSと、衛星通信または携帯電話網を組み合わせて、GPS追跡システムを独自開発した。サービスを開始した当初はオプションでの提供だったが、ほどなくして国内向けに販売されるすべての建機に標準搭載されるようになる。以後、2004年には中国向け、2006年にはその他の主要国向けに標準搭載が進み、KOMTRAXを搭載した建機は2019年2月末時点で、世界中で約55万台にのぼる。KOMTRAXの普及により、コマツ製建機の盗難件数は劇的に下がったという。

　KOMTRAXのシステムは、GPSアンテナと、GPS受信機を内蔵したコントローラー（KOMTRAXコントローラー）、データ通信用のモデムとアンテナなどを搭載した「KOMTRAXターミナル」を建機に組み込み、GPSで取得した位置情報をサーバーへ送信する。送信したデータはインターネットを介して、建機の顧客やコマツの販売代理店に提供される。

　KOMTRAXを使うことにより、顧客や販売代理店は建機の位置をリアルタイムに地図上で確認できる。犯罪防止のため、指定したエリアの範囲外から出たら通知される機能や、遠隔からロックして建機を作動不能にする機能なども搭載されている。

KOMTRAXのシステム概要（画像提供：コマツ）

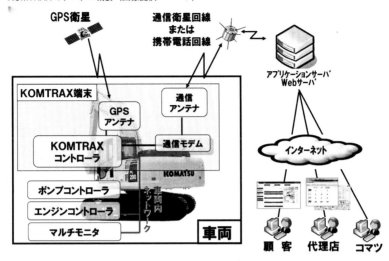

　KOMTRAXは盗難予防だけでなく、さまざまな用途で利用されている。たとえば、建機は一定の稼働時間ごとにメンテナンスや部品交換などを行う必要がある。従来はメンテナンススタッフが建機の場所を把握するのに手間がかかったが、KOMTRAXを搭載することにより、建機の在所を迅速に把握できるようになった。

　また、KOMTRAXは位置情報だけでなく、前日の稼働時間や累積の稼働時間などの稼働状況、エラー情報、燃料消費量、負荷状況、操作モードなどさまざまな情報を記録できる。これらの情報は、オイルやフィルターの交換時期の把握や、故障の原因追及などに生かすことができ、サービスの大幅な効率化へつながった。

　とくに燃料消費量については顧客にも好評で、毎月無料で省エネレポートとして顧客に提供している販売代理店が多く、顧客の生産性向上に寄与している。稼働時間を記録しているため、タイミングを考えて新車両の導入を提案するなど、営業ツールとしても役立っている。

　また、世界規模でどのエリアでどれくらいの台数の建機が稼働してい

KOMTRAXの管理画面（画像提供：コマツ）

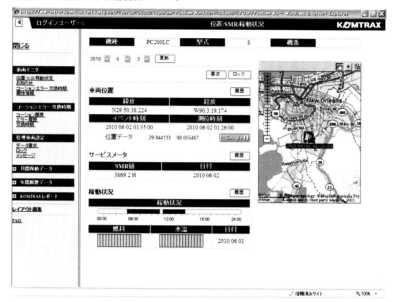

るかを確認することも可能で、エリア別に需要予測を行うなど、コマツの経営判断にも役立てられている。

　KOMTRAXはIoTの先駆的な事例であり、同社はKOMTRAX以外にも、次世代の取り組みとして、安全で生産性の高い現場作りを行う「スマートコンストラクション」を展開している。ドローン測量などによる地形データや高精度の衛星測位技術を採用したICT建機の施工データ、ダンプトラックの運行管理情報など、さまざまなデータをクラウド上に集約し、現場の見える化を行っている。KOMTRAXは、これらの先進的な取り組みのルーツと言える。

　コマツの武藤文雄氏（ICTソリューション本部 KOMTRAX推進部長）は、「長い年月をかけて標準搭載を進めてきたことで、世界中のコマツ製建機の多くがKOMTRAX搭載車となっています。KOMTRAXで使用している技術そのものは、今となっては先進的なものではありませんが、

むしろKOMTRAXが搭載されていることが当たり前となりつつある今だからこそ、このインフラを生かして新たにいろいろなことができると思います」と語る。同社は今後もKOMTRAXの機能強化や利便性向上を図るとともに、IoTへの先進的な取り組みを展開していく方針だ。

「MAMORIO」———駅の遺失物センターにIoTゲートウェイを設置して紛失物を検知

提供会社：MAMORIO

https://mamorio.jp/

　デバイス自体に衛星測位機能を持たせるGPSトラッカーは位置情報を追跡するためのデバイスとして広く使われているが、GPSデバイスはサイズが大きく消費電力も高いため、財布や鍵束などの小物に取り付けて日常的に持ち歩くのは難しい。このような身のまわりの小物に取り付けるためのデバイスとして近年注目されているのが、BLE（Bluetooth Low Energy）によりスマートフォンと連携できる小さなタグで、"紛失防止タグ"や"落とし物トラッカー""スマートタグ"などと呼ばれている。

　MAMORIO株式会社が提供する「MAMORIO」も、このような紛失防止タグのひとつである。MAMORIOの特徴は、サイズが35.5（縦）×19（横）×3.4mm（高さ）、重量が3gと、極めて小型・軽量であることで、財布などの小物に取り付けてもかさばらない。iPhone/Androidスマートフォンとペアリングすることにより、スマートフォンと離れた場合はアプリのポップアップ通知で知らせて、置き忘れを防ぐことができる。

　さらに、MAMORIOを付けたアイテムを紛失してしまった場合は、持ち主の手元から離れたMAMORIOのタグと、MAMORIOのアプリをインストールしたスマートフォンを携帯するほかのユーザーがすれ違ったときにその人のスマートフォンがタグを検知して、アイテムの場所を落とし主に通知する「追跡サービス」を利用できる。デバイス自体は測位

第1章　位置情報を追跡すると、こんなことができる　19

MAMORIO（画像提供：MAMORIO）

機能を持たず、ほかのユーザーが持つスマートフォンを使うことで紛失物を発見するこのようなサービスは「クラウドトラッキング」を呼ばれている。

　クラウドトラッキングを活用した紛失防止タグはMAMORIO以外にもいくつかの企業が提供しているが、MAMORIOはタグの小型・軽量を追求し、世界最小サイズを目指した。紛失防止タグの中には、スマートフォンのアプリを操作することで音や光を発して場所を知らせる機能を持つものもあるが、MAMORIOはそのような機能は搭載せず、電池も内蔵式にして、電池の寿命が尽きた場合は新たなデバイスに買い換える方式を採用することで、とにかく小型・軽量化を追求している。

　他社にはないMAMORIOならではの特徴として、鉄道会社と提携して、駅の遺失物センターにMAMORIOのタグを感知するIoTゲートウェイ「MAMORIO Spot」を設置する取り組みが挙げられる。もしMAMORIO

MAMORIOのアプリ（画像提供：MAMORIO）

のタグが付いたアイテムがMAMORIO Spotに届いた場合、それが落とし主のスマートフォンに通知される。MAMORIO Spotに使用しているIoTゲートウェイには、ぷらっとホーム株式会社の「OpenBlocks IoT EX1」を使用している。

電池を内蔵式にして小型化を実現（画像提供：MAMORIO）

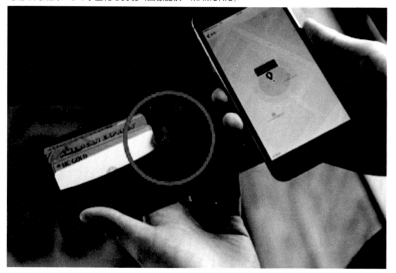

　MAMORIO Spotは現在、JR東日本やJR九州、東京メトロ、相模鉄道グループ、小田急電鉄、京王電鉄、西武鉄道、江ノ島電鉄、東武鉄道、京浜急行、京成電鉄、東京都交通局（都営地下鉄・バス）、南海電鉄、京都丹後鉄道、横浜市営地下鉄、東京電鉄など全国の鉄道の主要駅に設置されている。また、最近では髙島屋やテレビ朝日、JOYSOUND直営店、横浜市営バスの営業所、東京中央郵便局や世田谷郵便局など、鉄道以外の施設にも導入されている。
　タグの種類も、より小型・軽量の「MAMORIO S」や、高齢者や子どもの見守り用の「Me-MAMORIO」、シール型の「MAMORIO FUDA」など、さまざまな形状のものを追加している。
　同社は、2018年に法人向け紛失防止サービス「MAMORIO OFFICE」も提供開始した。同サービスは、MAMORIOのタグを活用した物品管理ツールにより、PCやIDカードなどの貸与品の紛失や、備品・共有資産の管理などを行えるサービスで、MAMORIOを付けた物品が最後にあっ

MAMORIO FUDA（画像提供：MAMORIO）

た場所と時間を確認できるほか、社外で紛失した場合でも、クラウドトラッキングやMAMORIO Spotにより紛失物を捜索できる。

　物品を部署ごと・拠点ごとに一元管理できるほか、紛失時以外は位置情報をマスクして社員のプライバシーを守る機能も搭載する。また、複数の拠点や大量の備品を抱えている法人向けに、拠点ごとの物品の偏在を可視化させる機能も提供する。同社はMAMORIO Spotの拡充とあわせて、BLEを活用した紛失防止サービスをBtoCだけでなくBtoBの領域にも広げていく方針だ。

【実証実験①】「青森ねぶた祭」山車の現在地をリアルタイムに発信

提供会社：株式会社フォルテ／株式会社NTTデータ・スマートソーシング／株式会社ゼンリンデータコム

http://www.forte-inc.jp/

https://www.zenrin-datacom.net/business/tracking/

　"青森ねぶた祭"は全国から多くの観光客が訪れる東北三大祭りのひとつであり、「人形ねぶた」と呼ばれる巨大な山車で知られている。この青森ねぶた祭の山車にGPSトラッカーを取り付けて、位置情報をリアルタイムに配信するサービスが2018年に提供された。

　同サービスで使用されたGPSトラッカーは、株式会社フォルテの「FB121」で、振動検知機能付きで山車が動いている際に位置情報を30秒に1回送信し、3G回線によってクラウドに位置情報が送信され、フォルテが開発したiOS/Androidアプリ「青森ねぶた祭ガイド」を使って、地図上でねぶたの位置がリアルタイムに可視化された。

　青森市内の地図上に運行ルートが赤線で表示され、ルート上に22台の大型ねぶたの山車すべての現在地とユーザーの位置が表示され、アイコンをタップすると、それぞれのねぶたに関するプロフィール情報が表示される。また、開催期間中に特設されるインフォメーションセンターやトイレ、駐車場、喫煙所の場所なども表示される。

　インバウンドへの対応も充実しており、日本語のほかに英語や韓国語、中国語（簡体、繁体）の3カ国語にも対応している。

　アプリだけでなく、ウェブサイトでも同様の情報が提供された。ウェブサイトは青森市内にも拠点を展開するNTTデータ・スマートソーシングが担当し、クラウド型ソリューション「いつもNAVI動態管理サービス」を提供する株式会社ゼンリンデータコムが開発を行った。

　祭りにおいて山車や神輿の現在地を地図上に表示するサービスは近年、全国的にさまざまなイベントで導入されつつあり、今回の実証実験に参加したゼンリンデータコムも、ゼンリングループの一員として「神田祭2017」において神輿位置の動態管理サービスを提供した実績を持ち、今回もその経験を活かしている。

　フォルテによると、今回の位置閲覧サービスを利用した観光客か

「青森ねぶた祭ガイド」（画像提供：フォルテ）

らは、「どのねぶたがどこにいるかがすぐにわかり、便利だった」という声が多かったという。単に祭りを開催するだけでなく、出し物の位置情報がわかるこのようなサービスが用意されているだけで、観光客の満足度向上には大きく影響を与えることがわかる。インバウンド向けにサービスの質向上が求められている中、今後もさまざ

ウェブ版の位置閲覧サービス（画像提供：NTTデータ・スマートソーシング）

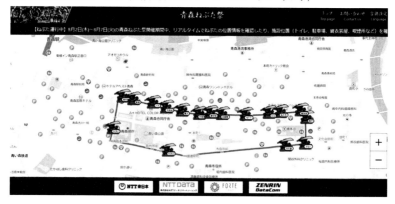

まなイベントでこのようなサービスの導入が進むことが期待される。

人を見守る

スマートフォンの普及や携帯用GPSトラッカーの進化は、人の居場所を地図上で簡単に可視化できる社会を実現した。ここでは人の位置情報を、子どもや高齢者の見守りや山岳地での遭難防止、救急医療に役立てる取り組みなど、最新のIoTネットワークを使った事例も含めて紹介する。

「TREK TRACK」———LoRa対応のGPSトラッカーで山岳地の遭難を防止

提供会社：博報堂アイ・スタジオ

https://trektrack.jp/

　近年、ITを活用して山の遭難事故を防止する取り組みが模索されている。山岳地は携帯電話の電波が届かないエリアがあることに加えて、電源が確保しづらいために行動中は電池切れを心配してスマートフォンの電源を切る人も少なくない。このような環境において、いかに登山者の位置情報をリアルタイムに把握し、道迷いや滑落などが発生した場合に迅速に遭難者を捜し出せるか。そんな課題を解決するためのサービスが「TREK TRACK」だ。

　TREK TRACKは、LPWA（Low Power Wide Area）を活用して登山者の位置情報をリアルタイムに可視化するサービスで、2017年8月に山梨県の瑞牆山で提供を開始し、2018年1月には新潟県のかぐらスキー場でもレンタル提供を始めた（2019年1月現在、瑞牆山は一時サービスを休止中）。

　TREK TRACKでは、小型のIoTデバイス（GNSSトラッカー）が取得した位置情報を、従来の3G／LTE回線ではなく、LPWAのひとつであ

第1章　位置情報を追跡すると、こんなことができる | 27

る「LoRa」を通じて送受信機（ゲートウェイ）に送信する。1台のゲートウェイで半径5〜10kmの広範囲な独自ネットワークを構成することが可能で、ゲートウェイからは3G／LTE回線を通じてクラウドに位置情報を保存し、現在地をリアルタイムにウェブブラウザやアプリの3DMAP上で可視化する。

TREK TRACKの充電タイプデバイス

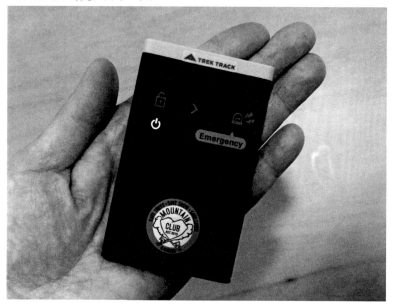

　開発したのは、博報堂アイ・スタジオ内のビジネス開発組織でTREK TRACK推進室 室長を務めるエンジニアの川崎順平氏。自身も登山やバックカントリースノーボードを趣味にしている川崎氏は、山岳地帯では携帯電話が圏外になることやバッテリー消耗などの問題などから位置情報を外部に伝えることが難しいため、テクノロジーを活用することでそういった課題を改善しながら安心・安全を提供できるサービスを作ろうと考えたという。

通信手段として用いているLoRaの特徴は、機器が安価で省電力性にも優れており、それでいて通信距離が長い点だ。山小屋は自家発電で電力をまかなっているケースが多く、LoRaのゲートウェイならば消費電力は20W程度と低いため、山小屋でも導入しやすい。

TRECK TRACKのLoRaゲートウェイ（画像提供：博報堂アイ・スタジオ）

　コース外のバックカントリーエリアを滑走するスキーヤーやスノーボーダーにとっても、携帯電話の圏外でも位置情報のトラッキングが可能となる。IoTデバイスを持った登山者やスキーヤー・スノーボーダーの移動軌跡をウェブサイトで確認可能となり、家族や友人がリアルタイムに現在地を把握できる。対象エリアのどこに、どれだけのユーザーがいるのかを集中管理することも可能で、パトロールや業務の効率化にもつな

がる。

3D地図上でデバイスの現在地や軌跡を表示できる（画像提供：博報堂アイ・スタジオ）

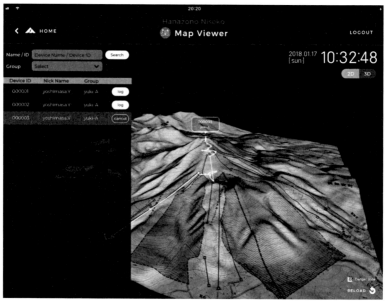

　TREK TRACKのIoTデバイスは基本的にレンタル提供で、瑞牆山のサービスでは、事前にウェブサイトからデバイスのレンタルを予約すると、郵送にて届くという流れになっていた。一方、かぐらスキー場では、レンタルスキー＆ギアショップ（パウダーステーション）にてデバイスの貸し出しを行っている（2019年3月現在、レンタル無料でトライアル体験可能）。

　さらに、2018年12月からはB2Bサービス「TREK TRACK BI（Business Intelligence）」を提供開始し、北海道のニセコHANAZONOリゾート（虻田郡倶知安町）およびキロロリゾート（余市郡赤井川村）のスキー場に導入した。TREK TRACK BIでは、B2BサービスとしてIoTデバイスの提供やゲートウェイの設置などを行うほかにも、さまざまな機能を提供

する。

　機能の1つ目は、ビジュアル性の高い3DMAPと「GoPro」を組み合わせたライブ配信だ。TREK TRACKの3DMAPは、国土地理院が提供する地理院タイル（標高タイル）のデータを加工して作成したもので、Googleマップを使った2DMAPにも切り替えられる。ニセコHANAZONOリゾートでは、GoProを装着したゲレンデスタッフが撮影を開始すると、地図上に「LIVE」のアイコンが表示され、これをタップするとライブ配信の映像をリアルタイムで見られる。

　2つ目の機能は、スキースクールの安全管理の支援だ。TREK TRACKの位置情報可視化技術を活用して、スキースクールに参加する子どもの迷子防止に役立てる。さらに、スクール参加者の行動データを分析することにより、運営の最適化と見守りによるホスピタリティ向上も実現する。ニセコHANAZONOリゾートでは、このサービスを「The Hanazono Shield by TREK TRACK」としてスキースクールに導入している。スクールに参加する子どもはデバイスを収納したホルダーを首から提げて携帯しており、子供の具合が悪くなるなど緊急時には、インストラクターがデバイスに搭載されたHELPボタンを押すことでスキー場スタッフへの通知が行われる。

　3つ目の機能は、スキー場内などの任意の範囲にジオフェンス（仮想のフェンス）を設定することにより、そのエリアを出入りする個別データを収集する「Geofence Maker」である。設定したフェンスの中に入った人数などのデータはリアルタイムで管理者に通知され、多角的なデータの分析・解析を行える。バックカントリースキー／スノーボードなど、多様化したニーズへの安全対策や業務改善だけではなく、顧客導線の検討などのマーケティングにも活用できる。

　キロロリゾートでは、施設内の「キロロマウンテンクラブ」にて、スキーヤーやスノーボーダーに向けてTREK TRACKのレンタル提供を2018年12月から開始した。TREK TRACK BIはこれまで個人単位でし

TREK TRACKのデバイスを身に付けたスキースクールの生徒

Geofence Makerの画面（画像提供：博報堂アイ・スタジオ）

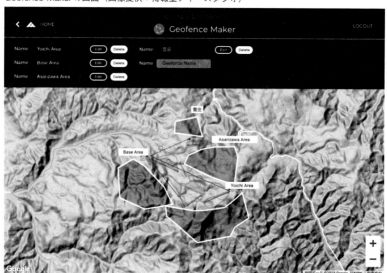

32 | 第1章 位置情報を追跡すると、こんなことができる

か位置情報をトラッキングできなかったが、キロロリゾートの要望により、グループ登録を行った複数人の位置情報を一括して地図上に表示できるように改良したという。

TREK TRACK BIは今後、スノーリゾート施設だけではなく、ゴルフ場やアウトドア施設なども対象に展開するとしており、さまざまな分野の課題解決に応えられるB2Bサービスとして推進していく方針だ。

「ココセコム」———全国約2800カ所の拠点から緊急対処員が現場へ急行

提供会社：セコム株式会社

https://www.855756.com/

国内トップのセキュリティ会社であるセコムが、GPS搭載の屋外向けセキュリティ端末「ココセコム」を活用した見守り・防犯サービスを提供開始したのは2001年4月のことである。90年代後半、日本では子どもの連れ去りや車両の盗難などが社会問題になり、相次ぐ犯罪への対策が求められていた。そんな中セコムは、米クアルコム社が測位に関する新たな技術を開発したことを受けて、小型で実用的なセキュリティ端末の開発をスタートさせた。

開発にあたって苦労したのは、そのサイズだ。子どもや高齢者が気軽に持ち運べるサイズと重さを実現しながらも、日常的な使用に耐えるバッテリーの保ちを両立させるのが難しかったという。また、クアルコム社は米国のメーカーということで、日米の測位環境の違いによる誤差の発生にも悩まされた。日本はアメリカよりも狭いエリアに建物が密集しているため、GPSのマルチパス（乱反射）が起きやすい。

さらに、ココセコムの端末はGPS測位だけでなく、携帯電話の基地局情報も加味して測位を行っているが、日本では米国に比べて基地局の位置が密集しているため、どの基地局の周辺にいるのかを判断するアルゴ

リズムの調整にも苦労したという。

こうした苦労を経て完成したココセコムの端末は、手のひらサイズのコンパクトな筐体を実現し、電源ボタンのほかは緊急通報ボタンがひとつだけというシンプルな端末となった。現在、ココセコム端末は3世代目となっているが、基本的な機能は変わらず、主な機能はGPSと携帯電話基地局情報を利用した位置情報提供と、緊急時の通報の2つのみだ。通話やメールの機能がない分だけ操作が簡単で、小型軽量のため持ち運びにも適している。

ココセコムのデバイス（画像提供：セコム）

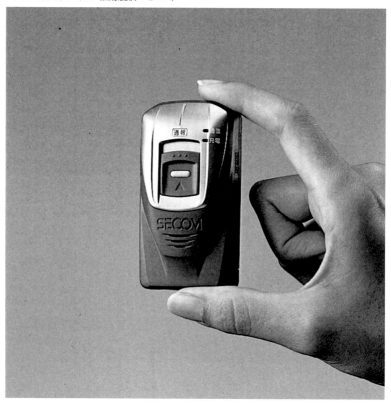

ココセコムを持った人が現在どこにいるのかを調べたい場合は、パソコンや携帯電話、スマートフォンから専用のメンバーズページにアクセスすることで、地図上にその位置が表示される。

　緊急時は通報ボタンを操作すると、通報信号がセコムに送信される。通報信号を受信したセコムはすぐに緊急連絡先として登録されている電話番号などに連絡する。その際、要請によりセコムが現場に駆けつける「現場急行サービス」も提供している。セコムには、緊急対処員が待機している緊急発進拠点が全国に約2800カ所あり、現場急行サービスの要請を受けた場合は、ココセコムを携帯している人から最も近い位置にいる緊急対処員が駆けつける。

　この現場急行サービスがココセコムの最も特徴的な点で、GPSトラッカーを使った見守りサービスは他社も提供しているが、ココセコムのように全国規模でスタッフが現場へ迅速に駆けつける体制を整えているサービスは極めて少ない。

　このほか、安否が心配なときにココセコムの端末に信号を送信できる「しらせてコール」や、夜道などで一定間隔のコールに応答することでココセコム保持者の安全を確認する「みつめてコール」といった機能も搭載している。

　また、ココセコムは人だけでなく自動車の防犯目的にも利用されており、車両の現在地を把握するだけでなく、駐車した車の一定距離の移動を検知してセコムに異常信号を送信する「異常監視サービス」も提供している。

　ココセコムには、通報ボタンを搭載した標準型のほかに、認知症患者向けの位置情報検索に特化したシンプルな端末も用意している。こちらの端末では通報ボタンがないため、ボタン操作に不安がある人の誤操作を防止できる。また、携帯電話事業者のKDDIと連携して、防犯機能付きの子ども向け携帯電話「mamorino（マモリーノ）」を使ったココセコムのサービス提供も行っている。

mamorino3をベースにしたセコム専用端末を使った、高齢者や持病の
ある人に向けた「セコム・マイドクタープラス」というサービスもあり、
端末には通話機能が搭載されているため、救急ブザー用ストラップを引っ
張るだけでセコムに通報したり、セコムの看護師と電話で健康相談した
りすることができる。

また、「セコム・マイドクタープラス」では、持病や服薬中の薬、家族
やかかりつけ医の連絡先などを記載した「救急情報」をデータセンター
で預かることで、救急時に救急隊員や医療機関の要請に応じて預かった
「救急情報」を専用端末へ送信することで情報を提供でき、健康相談の際
にも、情報を参考に応対することができる。

セコムの金平真一氏（コーポレート広報部）はココセコムの今後につ
いて、「さらに使いやすい端末を追求するとともに、必要に応じて測位機
能や通信機能の新技術への対応も検討します」とコメントしている。金
平氏によると、ココセコムは子どもや高齢者の見守りだけでなく、企業
において保守管理スタッフの安全管理などに使われるケースもあり、利
用シーンが広がっているという。今後も全国規模で現場急行サービスを
提供できる強みを生かしながら、活用の幅を広げていく方針だ。

「新PITシステム」———警察官の居場所をスマホ＆スマートウォッチでリアルタイムに共有

提供組織：岡山県警察

http://www.pref.okayama.jp/site/kenkei/

高齢化や多国籍化など、さまざまな課題を抱える日本では、犯罪事件
も多様化・複雑化してきており、地域警察はそれらに対応するため、ます
ます捜査活動を円滑化・効率化していく必要がある。このような課題に
挑戦するため、岡山県警察が2010年に全国で初めて導入したのが、PIT
（Police Integrated information Tool：警察統合情報）システムだ。

同県警察は2001年からPDAベースの携帯型車両・犯罪情報検索システム（POT）の整備を開始し、2003年からその後継システムの検討を開始した。2010年には新たに携帯電話を使った「PITシステム」を導入し、地図上で地域警察官の位置の確認を行えるようにした。また、全国の警察機関を結ぶネットワークと結合して不審車両を照会できるようにしたほか、捜査情報の一斉配信など、さまざまな捜査活動を効率化する機能も搭載した。従来は現場からの報告は無線による音声でのやりとりによって行われていたが、導入後は音声だけでなく写真が見えるため、情報共有を迅速に行えるようになったのも大きい。

　導入にあたって課題となったのはセキュリティ対策だ。PITシステムが導入される以前は、警察のコンピューター通信は公衆網から完全に独立し、隔離されたネットワーク上でしか認められていなかった。しかし、PITシステムでは、データを暗号化するのに、携帯電話キャリアによる暗号化だけでなく、警察の独自暗号も用いることで、民間の公衆網において警察と同レベルのセキュリティを実現した。これにより、全国で初めて民間の公衆網を警察のネットワークとして使用することが認められた。

　さらに、携帯電話（PIT端末）だけでなく、Bluetooth通信が可能な「PITキー」と呼ばれる小型のブザーユニットを携帯し、もしPITキーとPIT端末の通信が一定時間途切れた場合は、自動的に端末内のデータが消去される仕組みも導入した。

　PITシステムを導入するにあたっては、県警の所外活動を行う警察官すべてに計2300台のPIT端末を携帯させた上で、すべての警察官が機能を駆使できるように徹底した教育を行った。当時は全国各地の警察本部から岡山県警へ視察に訪れるなど、PITシステムはその先進性が大きく注目を集めた。

　それから8年後の2018年4月に、岡山県警はスマートフォンを使った「新PITシステム」を導入した。新PITシステムで大きく変わったのは、PIT端末として、従来型携帯電話ではなく、Androidスマートフォンとス

第1章　位置情報を追跡すると、こんなことができる　37

マートウォッチを採用したことだ。スマートフォンは、優れた防水性と落下衝撃耐久性を実現した「TORQUE」（京セラ製）を使用。スマートウォッチには、Wear OSを採用した「PROTREK Smart WSD-F20」（カシオ計算機製）を使用している。

「PITシステム」のメニュー

　新PITシステムでは、スマートフォンの大型液晶により捜査資料などを見ることが可能となったほか、地図表示も格段に見やすくなった。携帯電話に比べて県内の地図を大画面で、タッチ操作で自由に地図をスクロールさせることが可能となり、縮尺の切り替えもピンチイン・アウトの操作によってスムーズに行える。地図上には活動中の警察官がすべて表示されて、アイコンの種別で徒歩なのか自動車や自転車に乗っているのかどうかもひと目でわかる。さらに、110番通報が入るなど、現在発生中の事件の現場も地図上で見られるようになったため、事件現場の周囲

に何人の警察官がいるのかどうかもわかる。

付近の警察官の居場所をリアルタイムに確認できる

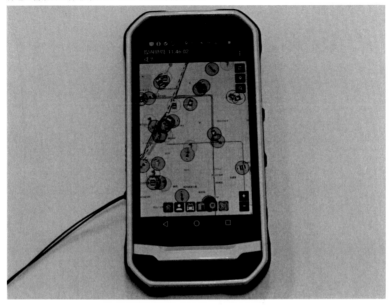

　これらの情報は、警察官に指示を出す通信指令室だけでなく、新PITシステムの端末を持つ現場の警察官すべてに共有されるため、現場の警察官がそれらの情報をもとに柔軟に動くことが可能となる。
　また、新たにスマートウォッチを導入したことにより、運転中や、なにか作業をしているときなどに通報がきても、スマートウォッチの振動によって通知に気付きやすくなった。緊急通報の操作をスマートウォッチから行うことも可能で、すばやく緊急情報を送れるほか、動画撮影などの操作も可能だ。なお、このスマートウォッチは従来のPITキーの役割も担っており、スマートフォンとスマートウォッチが一定距離以上離れるなどすると、スマートフォン内のデータが消去されるようになっている。

カシオのスマートウォッチ（画像提供：カシオ計算機）

　PITシステムの発案者であり、今回の新PITシステムへの更新にも携わった岡山県警の平田豊警視（警務部・情報管理課長）は、同システムのコンセプトについて、「機能を絞ってシンプルに徹することで、現場の警察官が自分の頭で考えて行動するための道具を目指しました」と語る。機能を盛り込みすぎると、現場ではかえって使いづらいものとなる

ため、PITシステムは、あくまでも人間の行動を効率よくサポートするためのツールとして設計した。

　たとえば、警察官であれば自分が担当する区域の地図は頭の中に入っているため、場所さえ特定できればそこにどのように行けばいいのかは指示されなくてもわかる。そのため、ナビゲーションの機能などは省かれている。その代わり、地図はGoogleマップなどの一般的なものではなく、ゼンリンの住宅地図データを使用し、詳しいビル名などを確認できるようにした。

　このほか、位置情報による勤務形態管理や、日報提出などの機能も盛り込まれており、警察官の通常業務の支援機能も充実している。なお、地図データや捜査資料、業務資料などはインターネット上のクラウドではなく、すべて警察本部内に設置されたサーバーに保存されており、閉域のネットワーク上で運用されている。そのため外部からのハッキングには極めて強いシステムになっている。岡山県警は今後も、警察官の業務効率を向上するため、新PITシステムのような先進的な取り組みを続けていく方針だ。

「Coaido119」―――人が突然倒れて動かないとき、付近の救命資格者に一斉連絡

提供会社： Coaido株式会社

http://www.coaido.com/

　年齢や性別にかかわらず、誰にでも起こりうる突然の "心停止"。身近な人が心停止に陥った場合に適切な救命処置を行えないケースは多く、心臓突然死は年間7万人以上にも上るという。心停止は1分ごとに約10％救命率が低下すると言われており、救命率を上げるには、迅速なCPR（心肺蘇生）とAED（自動体外式除細動器）による除細動（電気ショック）が必要となる。

第1章　位置情報を追跡すると、こんなことができる　41

心停止の現場から助けを呼ぶ声を周囲の人に届けるために、アプリで緊急情報を共有して命を救う仕組みを作る。そのために開発されたアプリが「Coaido 119」だ。同アプリを使うことにより、心停止が発生した現場に居合わせた人は119番通報を迅速に行えるだけでなく、同時に位置情報に加えて動画や音声、チャットなどの方法を使って、周囲にいるCoaido119のアプリユーザー（救命講習受講者や医療有資格者、施設安全管理者など）に一斉連絡できる。SOS通知を受けた人は、心停止が起きた現場の位置をアプリの地図上で確認することが可能で、迅速に現地へ駆けつけることができる。

　心停止が起きたときにまずしなければならないのは、119番通報と絶え間のない心臓マッサージ（胸骨圧迫）および人工呼吸である。Coaido119では、SOS発信の際にAEDを持ってきてもらうように頼むことも可能で、あらかじめAEDが設置してあるビルやオフィスの固定電話を位置情報とともにサーバーに登録し、緊急時に発生場所の周辺にあるAED設置施設を抽出して一斉に電話をかける「AEDエリアコール」という機能も搭載している（国際特許出願中）。この仕組みには、ウェブから電話をかけられるAPIサービス「Twillio」を使っている。

　AED設置施設の人がこの電話を取ると、機械による音声合成電話によって心停止現場の住所と、アプリでの詳細情報確認がアナウンスされる。アプリには現場の地図や映像が表示されているので、その情報をもとにAEDを届けることができる。なお、同機能を実際に運用するためには、AEDエリアコールに登録するAED設置施設に対して、あらかじめ救助要請の電話がかかってくる可能性があることを伝えておく必要がある。

　Coaido119は、発信者の現在位置に加えて現場の状況が映像と音声で生配信されるため、イタズラ目的で使うと発信者がすぐに特定されてしまう。不正利用が極めて起きにくい作りであり、実際にイタズラによる発信は少ない。また、SOSを発信するだけでなく、救急車を呼ぶべきか

Coaido119のアプリ（画像提供：Coaido）

判断に迷う場合に、端末位置情報を使いその県の救急相談ダイヤルや病院紹介Webサイトにワンタッチで接続できる機能も搭載している。

　Coaido119は2017年8月～2018年1月の6カ月間に、東京都豊島区で実証実験を実施し、その後、利用可能エリアを全国に拡大した（AEDエリ

SOS発信の画面（画像提供：Coaido）

アコールは現在のところ池袋駅半径1km内の公共施設と、都内の一部の企業やマンションのみ対応）。

　同社は現在、同アプリを積極的に活用してもらえる地域を募集しており、AED設置場所情報の掲載やAEDエリアコールの受信登録、利用者

地図上に表示された位置情報を見ながら現場へ急行（画像提供：Coaido）

登録促進プロモーションなどの開催を有償で請け負っている。同社は救急訓練のイノベーションにも取り組んでおり、ペットボトルの空き容器を活用し、手軽にCPR（心肺蘇生法）訓練ができる「CPRトレーニングボトル」を開発するなど、独自のやり方で救急救命の世界に新風を吹き

込んでいる。

Coaido119の仕組み（画像提供：Coaido）

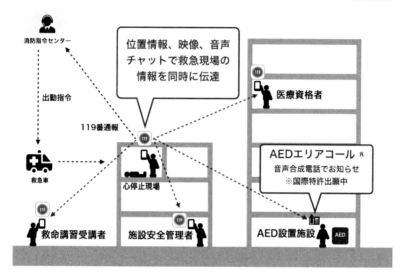

　位置情報を積極的に活用しながらも、テクノロジーを押しつけるのではなく、救急隊員や消防隊員の活動を妨げることなく、誰もが簡単に助けを呼べるように細部まで工夫されているCoaido119。今後はAEDエリアコールのさらなる対応エリア拡大が期待される。また、同社はCoaido119で発信されたSOSを高層マンションや大規模ビルの安全を管理している防災センターが受信できるシステムや、ドローンによるAEDの自動搬送など、過疎エリアにおける救急救命の課題についても取り組んでいく方針だ。

【実証実験②】LPWAを使って高齢者や障害者の見守りを支援
　提供会社：株式会社オートバックスセブン

https://www.autobacs.co.jp/

　さまざまなIoTデバイスから発せられるデータを送信するためのネットワークとして注目されているLPWA。このLPWAネットワークを活用してさまざまな人やモノの位置情報を送信する実験を行っているのが、カー用品店オートバックスのフランチャイズ本部として知られるオートバックスセブンだ。

　同社は2017年11月から2018年3月にかけて、北九州市の協力のもと、佐川急便やソニーセミコンダクタソリューションズ、富士通九州システムサービスなど6社の協力により、LPWAを市内に設置し、佐川急便の車両30台に車載用機器を取り付けて市内を走行し、位置情報や走行情報などのデータが正しく送受信できるかをテストした。オートバックスセブンは情報収集および分析を行うためのプラットフォームを開発した。

北九州市内にLPWAのアンテナを設置（画像提供：オートバックスセブン）

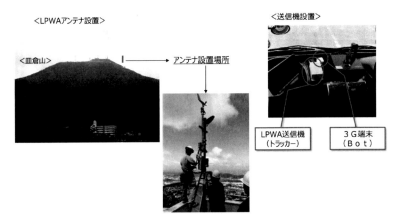

　同社がこのプラットフォームを開発したのは、運転中に発生する車の急加速・急減速や蛇行、衝突検知などを可視化することによるドライバーの安全支援サービスを実現するためだけでなく、車以外

第1章　位置情報を追跡すると、こんなことができる　47

の分野への参入も見据えているからだ。同社は北九州市で行った実験をもとに、人が持ち歩けるタイプのLPWA送信機を使って、2018年4月下旬から6月下旬にかけて、墨田区老人クラブ連合会（東京都）の協力のもと、外出時の"高齢者見守りサービス"の実証実験を行った。

　さらに同年11月には、大分市において、ハイパーネットワーク社会研究所および大分県、九州工業大学、富士通九州システムズの4者と共同で、視覚障害者向けに、GPSやLPWA送信機、加速度センサー、緊急ボタンなどを内蔵した白杖（IoT杖）と、マイクとスピーカー、カメラを組み合わせた自立移動支援ツールを開発した。同ツールは、音声AIサービスと会話しながら目的地設定や誘導を行い、ナビゲーション中はカメラで障害物を検知して音声AIサービスが回避指示を出す仕組みとなっている。視覚障害者は移動中になにかトラブルが発生した場合に、緊急ボタンを押すことで自分の位置情報を家族などに知らせることができる。

視覚障害者向けの白杖をIoT化（画像提供：オートバックスセブン）

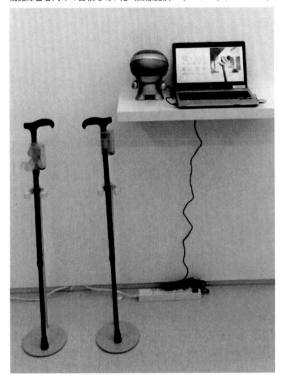

　このほか、同社は大分県国東市の両子山の山頂にLPWAのゲートウェイを設置し、国東半島を歩いて巡る「国東半島峯道ロングトレイル」の登山者の位置情報を3分間隔で受信する実証実験を行った。同トレイルの行程はほぼLTE／3Gの圏外だったが、木々が生い茂る悪条件の場所でもLPWAによる位置情報の送信は一部エリアを除いて良好に機能したという。

　同社は、LPWAの送信機能を搭載したセンサーにより害獣の捕獲を自動検知し、罠管理者への捕獲状況を自動通知する実証実験も行っている。罠を設置した位置は地図上で確認することが可能で、捕獲

状況を位置情報とともに可視化することにより、害獣が腐る前に回収でき、罠状況の確認にかける労力を削減できる。

LPWAの送信機（左）と害獣捕獲用の罠（右）（画像提供：オートバックスセブン）

　オートバックスセブンはこれまで実証実験を行ってきたサービスを2019年から随時、ビジネスとして正式提供を開始する予定で、さまざまな課題やニーズに対応したソリューションを、IoT機器を含めたワンパッケージで提供できる環境の構築を進めていく方針だ。

移動を追う

車両の現在地をGPSトラッカーによってリアルタイムに把握するのは、動態管理の代表的な利用例である。ここでは配送トラックや営業車、バス・タクシーなどさまざまな車両の移動を追うことにより、いろいろな付加価値を生み出している事例を紹介する。

「MOV」———位置情報の可視化が実現した運賃無料の"0円タクシー"

提供会社：株式会社ディー・エヌ・エー（DeNA）

https://m-o-v.jp/

　さまざまな移動手段を1つのサービスとして提供する「MaaS（Mobility as a Service）」という考え方が注目を集めている。このMaaSの先駆けとなるサービスとも言えるのがタクシー配車アプリだ。現在、Uberをはじめ日本国内ではいくつかの企業がタクシー配車サービスを展開しているが、中でもDeNAが提供しているタクシー配車アプリ「MOV」は、乗客の利用料金を無料にする「0円タクシー」を2018年12月に期間限定で提供し、大きく話題を呼んだ。

　DeNAは2017年にタクシー配車アプリ「タクベル」をリリースし、神奈川県などで実証実験を進めてきたが、2018年12月にアプリをMOVと改名し、新たに取り組みとして「PROJECT MOV」を始動した。同プロジェクトは、利用シーンや個別のニーズに応じた新しい移動体験を実現するための取り組みで、「0円タクシー」はその第1弾となる。

　MOVのアプリでは、タクシーを利用したい人が、地図を見ながら自分の近くを走っているタクシーの位置を確認できる。タクシーにはMOV

「0円タクシー by 日清のどん兵衛」の車両（画像提供：DeNA）

のドライバー向けアプリをインストールしたスマートフォンが搭載され、位置情報をクラウドに送信することで、利用客はリアルタイムにタクシーの位置を把握できる。配車を依頼するときは、スマートフォン内蔵のGPSを使って地図上で現在地を表示し、その地点まで来てもらうように依頼して、タクシーに乗りやすい最寄りの地点を手動で選んで指定することもできる。タクシー降車時には、アプリに登録したクレジットカードを使って運賃を決済することも可能だ。

「0円タクシー」は、このようなタクシー配車のシステムを活かしたサービスだ。アプリを起動すると、周辺を空車で走行中のタクシーのアイコンが地図上に表示されるので、タクシー会社の選択画面から0円タクシーを選択することで配車を依頼できる。

第1弾の「0円タクシー by 日清のどん兵衛」は、2018年12月5日から31日までの期間限定で、タクシー車両に専用のラッピングと内装が施されたほか、車内の専用タブレットでは商品のプロモーション動画が流れ、

MOVのアプリ画面（画像提供：DeNA）

乗客には試供品も配られた。0円タクシーは、契約スポンサーとMOVの広告宣伝費によって乗客が支払う利用料金を無料にするフリービジネスモデルであり、スポンサーは、MOVで配車できるタクシーの車体ラッピングや、車内での自社商品サービスの宣伝を通じて、認知拡大や購買を

第1章　位置情報を追跡すると、こんなことができる | 53

期待できる。車内では、試供品提供やサービスの体験、車内専用コンテンツなどさまざまな広告を展開する。

「0円タクシー by 日清のどん兵衛」車両の内装（画像提供：DeNA）

　対象エリアは都内の一部に限られており、利用したいときに0円タクシーが現在地周辺にいなければ利用できないが、複数のタクシーの位置情報をリアルタイムに可視化する技術があるからこそ実現できたサービスと言えるだろう。

　タクシー事業者にとっては、広告宣伝費という新たな収益モデルの構築につながるだけでなく、これまでタクシーを利用していなかった層の取り込みも期待できる。DeNAは今後、「PROJECT MOV」において、好みの車種やユーザー評価の高い乗務員を選択できる仕組みなどの付加価値の提供も予定している。

　また、現在は無線機システムとMOVの乗務員端末は別システムとなっているが、今後はシステムオリジンと西菱電機、JVCケンウッドの無線

MOVのドライバー用アプリ（画像提供：DeNA）

機システムなどとMOVの配車システムを連携させることにより、乗務員がMOVの乗務員専用タブレットで電話などの配車依頼も一元管理できるようにするシステムも開発する予定だ。これにより、無線機システムの入れ替え時初期の車載器端末投資が不要となるほか、乗務員が複数

の配車システムを使い分ける必要もなくなる。同社はこのような連携を2019年中に実施することを目標としている。

「ハコブリッジ」―――配送を依頼したい荷主と配送車両を結ぶマッチングサービス

提供会社：株式会社ルーフィ

https://www.hako-bridge.jp/

　企業が緊急に配送の必要性を感じた場合に、迅速に車両の配送を手配するマッチングサービス「ハコブリッジ」を提供開始するのは、首都圏を中心にB2B配送サービスを提供する運輸会社のルーフィである。

　ハコブリッジは、契約ドライバーのスマートフォンに専用アプリをインストールしてドライバーの現在地をリアルタイムに把握することにより、荷主と配送車両とのマッチングを行うサービスだ。マッチングはすべてルーフィを介して行われ、緊急配達したい法人向けに10分以内（実績は平均3分以内）で配送車両を手配する。

　配送を依頼する荷主側は、会員費やシステム利用料は完全無料で、手配車両の位置情報や配送進捗状況を確認できる。注文はウェブサイトから行うことが可能で、注文する際は、荷物の温度帯と台数、集荷日時、集荷場所、配送先の4つの項目を入力するだけで簡単に発注できる。このとき、配送料金の簡易見積もりが提示されるため、料金の概算もすぐに確認できる。

　発注後にマッチングが成立すると、配送車両が引取地に向けて移動を開始する。このとき、荷主はスマートフォンのウェブブラウザ上で、地図を見ながら配送車両がどの地点にいるのかをリアルタイムに確認できる。さらに、集荷場所で荷物を預けたあとも、目的地に着くまで位置情報をリアルタイムに確認できる。

　ハコブリッジのような配送マッチングサービスを提供している企業は

配送車両が「空車」なのか「運行中」なのかをリアルタイムに確認できる（画像提供：ルーフィ）

「ハコブリッジ」の注文入力画面（画像提供：ルーフィ）

ルーフィ以外にも存在するが、ハコブリッジの場合は24時間365日の有人サポートを提供し、配送車両が引取地の近くで見つからない場合にも、離れた場所にいる車両を提案するなど、柔軟な対応を行える点が他のサー

第1章　位置情報を追跡すると、こんなことができる | 57

ビスとは大きく異なる。

　運送会社はハコブリッジの配送車両として登録することで空車を有効活用できる。ハコブリッジの登録車両は、すべて温度調節機能を搭載した品質基準合格車両で、食品などの配送にも対応する。また、スマートフォンやタブレットで温度測定データを読み込めるNFC（FeliCa）対応モデルも用意している。

　このほか、最新機能として、荷主とドライバーだけでなく、納品先やグループ会社でも位置情報を共有できる「みんなで閲覧位置情報」という機能も提供を開始している。

「交通安全分析サービス」―――移動軌跡をリアルタイムに分析して交通違反を自動的に判定

提供会社：ジェネクスト株式会社

http://genext.co.jp/

　2018年11月にサービスが正式スタートした日本版GPSの準天頂衛星「みちびき」。このみちびきのサブメータ級測位補強サービスで取得した高精度な位置情報をもとに、ドライバーの道路交通法違反を可視化するサービスを提供しているのがジェネクスト株式会社だ。

　同社は以前から、業務用車両にドライブレコーダーを搭載して運転中の映像を記録し、ドライバーの道路交通法違反を可視化するサービスを提供してきたが、ドライブレコーダーで記録した映像を人の手で解析するのは手間とコストがかかり、分析にも時間がかかるのが課題だった。

　これに対して、同社が2018年4月に提供開始した新たな道路交通法違反自動判定サービスでは、みちびきのサブメータ級測位に対応したGPSトラッカーを使うことにより、取得した位置情報を3G回線でリアルタイムにクラウドへ送信し、その軌跡を分析することで違反を自動判定することが可能となった。判定できる違反は制限速度超過、右左折禁止、一

時停止違反、踏切不停止、進入禁止の5項目で、これらをリスト化してクライアント企業に報告する。

リアルタイムの位置情報ログをもとに道路交通法違反を自動判定（画像提供：ジェネクスト）

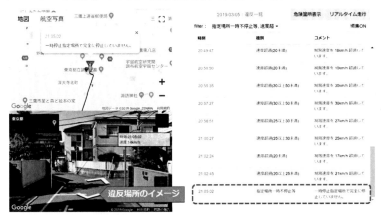

　ドライブレコーダーの映像を使わずに、位置情報のログだけで道路交通法違反を判定可能となったのは、みちびきのサブメータ級測位により、GPSに比べて誤差が約1mと大幅に高精度となったためだ。ドライブレコーダーの場合は、メモリカードに記録された大容量の映像データを都度、回収する必要があったが、位置情報だけを使って解析する新しい方式を使えば、映像データを回収する手間がかからないため、大幅にコストを下げられる。

　ジェネクストの代表取締役を務める笠原一氏によると、ドライブレコーダーを利用した従来のサービスの場合は、期間限定で利用する顧客が多かったのに対して、新サービスでは1台あたり月額数千円と大幅に低価格で利用可能となったため、継続的にサービスを利用可能となったという。

　ドライブレコーダーに比べて機器を簡単に設置できる点も魅力で、シガーソケットにGNSSトラッカーの電源プラグを挿して、ダッシュボー

第1章　位置情報を追跡すると、こんなことができる | 59

ドの上など衛星電波が入りやすい位置に本体を設置するだけで、すぐに使い始められる。

みちびきに対応したGNSSトラッカー（画像提供：ジェネクスト）

サービス利用者は、ウェブブラウザ上で各車両の運行履歴を確認できる。交通違反の発生履歴をリスト表示して、地図上で発生場所を確認することも可能だ。

　同サービスを利用することにより、どの場所でどのような違反が発生したのかが具体的に示されるため、ドライバーの法令遵守への意識が高まり、企業のコンプライアンスリスクを軽減できる。また、交通事故削減にもつながると同時に、自動車保険料の削減も期待できる。

　同社は今後、制限速度超過、右左折禁止、一時停止違反、踏切不停止、進入禁止の5項目だけでなく、駐停車禁止や転回禁止などのエリアにおける違反の検知も新たに追加するほか、運転しながらの携帯電話保持を監視する機能も追加する予定だ。

「除雪車位置情報把握システム」———GPS トラッカーとIoT 向けSIM の組み合わせで除雪業務を効率化

提供会社：株式会社デザイニウム

http://www.thedesignium.com/

　福島県会津地方において、テクノロジーによる地域課題の解決に取り組むデザイニウムは、2015年に宮下地区建設業協同組合と共同で、除雪車両の現在位置をリアルタイムで可視化する除雪車位置情報把握システムを開発した。

除雪車位置情報把握システム（画像提供：デザイニウム）

　同システムは、除雪車両に設置したGPSトラッカー「TR313-J」（販売元：GISupply社）から一定間隔で送信されるGPS情報をもとに、除雪車両ロケーションマップ上に全除雪車両の位置をリアルタイムに可視化するシステムだ。GPSトラッカーはシガーソケットからUSBケーブルで充電可能で、車両のエンジンスタートとオフに連動して起動・終了するため、運転者による操作が一切不要で運用できる。
　トラッキングデバイスとして、タッチパネル非搭載でIoTに特化した専用のGPSトラッカーとIoT向けSIMカードの組み合わせを採用することで、運転手による端末の電源オン／オフやタッチ操作が不要となり、作業負担を軽減した。さらに、シーズン中の通信費用やオフシーズンのメンテナンスコストを抑えることにより、全体的に低コストでの導入と運用を実現している。
　データ通信には、IoT向けSIMカードである「SORACOM Air SIM」

除雪車両ロケーションマップの仕組み（画像提供：デザイニウム）

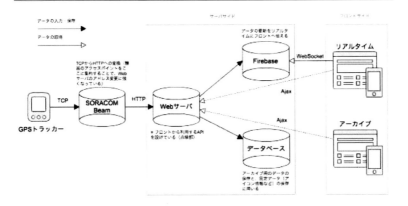

を使用し、トラッカーを設置した車両からのリアルタイムの位置情報をSORACOMプラットフォームのプロトコル変換機能である「SORACOM Beam」を経由して送信している。

　このロケーションマップでは、除雪車両の位置情報をリアルタイムに確認できるだけでなく、アーカイブ画面も用意している。アーカイブ画面では、蓄積されたデータから期間や車両情報を指定することにより、該当の除雪車両の移動履歴がアイコンで表示され、除雪車の過去の走行状況を確認できる。

　除雪車両のロケーションマップはウェブアプリケーションとして構築されており、除雪の業務管理者が手元のPCやスマートフォンのブラウザで車両の位置情報を手軽に把握できるため、住民からの除雪の状況に関する問い合わせに対してスムーズに回答できる。

　2017年には、福島県喜多方建設事務所から除雪車両の稼働時間の自動集計に関する実証実験を受託して、従来の除雪車位置情報把握システムをベースに、除雪車両の稼働時間の自動計算と日報等の業務報告書を自動出力する機能をテストした。これはGPSトラッカーから送信されるデータに含まれている車両の速度や時間、動作状態に関係する情報をもとに、

システム構成（画像提供：デザイニウム）

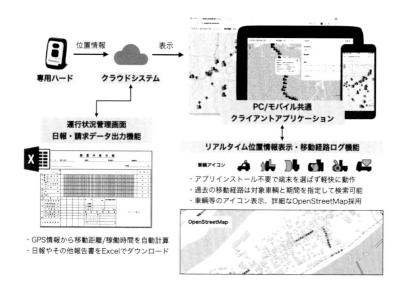

　除雪車両の実作業と、それ以外の作業（主に暖機運転）の判定を行い、それぞれの時間を計算した結果を所定の雛形のExcelファイルに出力する機能だ。

　これまで喜多方建設事務所では、除雪車両に設置したタコグラフのチャート紙から稼働時間を目視で読み取り、それを元に日報などの報告書を作成し、提出時の相互チェックなども行っていたため、除雪業者と県の双方の負担が非常に大きかった。最新のシステムでは、車輌の稼働時間が自動計算で出力できるため、委託業者は専用画面から必要な報告書をダウンロードして印刷し提出するだけで済むようになり、目視での比較確認作業が不要となった。

　実証実験を通じてシステムの機能が認められ、2018年度は喜多方建設事務所の全車両に搭載することとなり、現在、喜多方〜西会津、猪苗代エリアを走る除雪車両約90台で運用している。2019年度はこのシステムを用いて除雪作業後の日報から請求書の作成までを自動化することによ

GPSトラッカーを設置し除雪作業を行う様子（画像提供：デザイニウム）

り、事務作業にかかる時間を従来の2割〜3割程度まで削減することを目指している。

【実証実験③】コミュニティバスの運行情報をサイネージで案内
提供組織：中津川市（協力：恵那バッテリー電装株式会社／株式会社ヴァル研究所）
https://www.sky-brain.com/

　路線バスの運行状況をリアルタイムにスマートフォンやサイネージで見られるバスロケーションシステム（バスロケ）。鉄道と比較するとバスは道路の混雑具合などによってダイヤが乱れやすいため、乗ろうと思っているバスが定刻通りにやってくるのか、目的地まで遅れることなく着くことができるのかを確認できるバスロケは乗客

第1章　位置情報を追跡すると、こんなことができる | 65

にとって利用価値が高く、全国のバス会社に普及が進んでいる。

 その流れは自治体が提供するコミュニティバスにおいても同様で、たとえば岐阜県中津川市では、2018年4月から9月にかけて、同市の国民健康保険 坂下病院にて、サイネージを使ったバスロケーションサービスの実証実験を実施した。病院内の1階エントランスホールに42インチのサイネージ用ディスプレイを設置し、これをコミュニティバスの運行時間中に使ってバスの案内を行った。

 サイネージには、地図上にバスの現在地を表示するとともに、坂下病院にバスが到着する予想時間も表示し、「あと約5分で到着します」といった音声案内も行った。

中津川市のコミュニティバス（画像提供：ヴァル研究所）

 同市のコミュニティバスには、以前からGPSを搭載したドライブレコーダーが設置されており、コミュニケーションアプリ「LINE」を使ってバスの現在地情報を提供していたが、バス利用者には高齢

者が多いこともあり、今ひとつ利用が進まなかった。そこで、誰もが情報にアクセスしやすいサイネージという手段を使った実証実験が行われた。

今回の実証実験では、このドライブレコーダーから得られた位置情報を、ヴァル研究所の位置情報サービス「SkyBrain」によって案内に必要な情報を付与して"GTFSリアルタイム"という形式に変換し、サイネージ機器に表示するコンテンツを提供した。また、サイネージ用コンテンツとともに"GTFSリアルタイム"でのデータ配信も実現した。

"GTFS"とは、時刻表など公共交通の静的データを扱うためのフォーマットで、日本では「標準的なバス情報フォーマット（GTFS-JP）」として国交省が2017年3月に標準形式として定めた。"GTFSリアルタイム"は、このGTFSをもとにした動的情報のためのフォーマットで、GTFSおよびGTFSリアルタイムは標準フォーマットとして世界的に普及しており、「Googleマップ」のルート検索などのサービスにも利用されている。中津川市では以前よりGTFS-JP形式の時刻表データを保有しており、今回はそのデータをベースにサイネージでバスの情報を提供した。

病院に設置したサイネージにバスの現在地を表示（画像提供：ヴァル研究所）

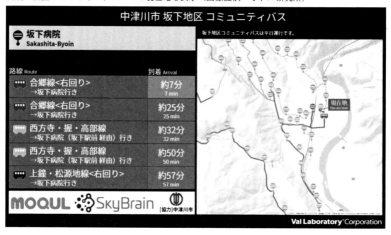

到着までにかかる時間も交互に表示される（画像提供：ヴァル研究所）

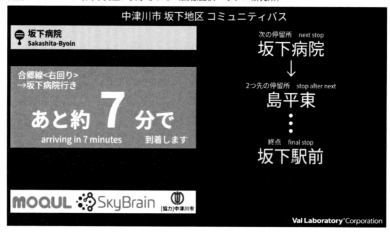

　GTFSリアルタイムのデータはGoogleにも提供されて、現在ではGoogleマップでも同市のコミュニティバスの情報を含めた経路検索が可能となっている。実証実験を終えた同市では、2018年12月に、

クリスマス仕様の内装が施された"クリスマスバス"の位置を地図上に表示して案内するサービスも提供した。

　ヴァル研究所は、中津川市での事例のような位置情報を利用した取り組みを進めており、2018年7月に発生した西日本豪雨の被災地の呉市でも、中津川市に提供したシステムをもとに鉄道代行バスの位置情報をウェブサービスとして提供した。

呉線代行バスに導入した簡易バスロケ
（画像提供：ヴァル研究所）

　このプロジェクトでは、呉高専や地元企業のバイタルリードなどと協力して簡易なバスロケを短納期で実現し、バスの車両をウェブで表示して方面別にバスを色分けするなど、利用客にわかりやすく工夫した。ヴァル研究所はこのような位置情報を利用した取り組みを今後も強化していく方針だ。

【実証実験④】サイクルイベントで自転車にGPSトラッカーを搭載

提供会社：株式会社フォルテ

http://www.forte-inc.jp/

　近年、ランニングやサイクリングなどのスポーツイベントに参加する人が増えている。多数の参加者が広いエリアを移動するこのようなイベントを運営するには多大な手間が必要となるが、このようなイベントにおいてGPSトラッカーを使って効率的な大会運営を目指す取り組みが始まっている。

　青森を拠点に、GNSSトラッカーを活用した位置情報ソリューションや、骨伝導ヘッドセットやナビ端末を使った音声ソリューションを展開するフォルテは2017年に北海道で開催されたサイクルイベント「ニセコ羊蹄ファンライド」と、2018年に青森で開催された「津軽半島センチュリーラン」において自社製のGNSSトラッカーを全参加者のロードバイクに搭載し、大会運営の効率化を支援する実証実験を行った。

　ロードバイクに搭載されたGNSSトラッカーを使って位置情報を定期的にクラウドに送信することにより、運営事務局は各参加者が現在、どの地点にいるのかをリアルタイムに把握できる。参加者数のカウントのほか、ルートを外れる選手を検出するなど、さまざまなことが可能となる。

　今回の実証実験では、コース上20kmごとにジオフェンスを設定し、参加者の位置をリアルタイムに管理し、コースから外れて迷子になる選手や、パンクで立ち往生した選手、体調不良でリタイアした選手などについても早期に発見できるようにすることで、より効率よくサポートできるようにした。

　今後はこのシステムを使うことにより、ルートを間違えた場合に選

GNSSトラッカーをロードバイクに搭載（画像提供：フォルテ）

手へ音声で警告する機能や、区間タイムを知らせる機能などを追加するほか、選手がゴールに近付いたらスタッフが出てきてハイタッチで盛り上げるなど、演出面でも位置情報の配信を効果的に活用する予定だ。また、位置情報とともに心拍数や消費カロリーなど選手のバイタル情報をリアルタイムに取得することも検討している。

さらに、運営スタッフや選手だけでなく、観客に対しても選手の位置情報をリアルタイムに確認できるアプリを提供することも予定している。

このほか、スポーツエントリーなど、全国で多くのイベントを開催している企業との連携も検討している。フォルテの代表取締役の葛西純氏は、「さまざまなスポーツイベントの運営に空間情報を活用することで、より豊かな社会を作りたいと考えています」と語る。GNSSトラッカーを使うことで、大会運営のコストを下げながらも安全面を高めつつ、観客も楽しめるように取り組んでいく方針だ。

運営スタッフが選手の状況をリアルタイムに確認（画像提供：フォルテ）

道に迷った選手をすばやく発見できる（画像提供：フォルテ）

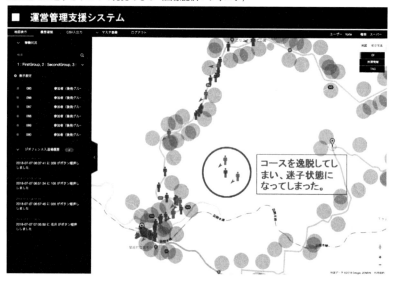

72 | 第1章 位置情報を追跡すると、こんなことができる

※本文中の部署名、役職名、サービス名、デバイスの画像、価格などの内容は取材時（2018年11月〜2019年1月）のもので、書籍発売時とは異なる場合があります。

※記事中のサービス、ソフトウェア、ハードウェア、システムなどの名称は一般に各社の登録商標または商標です。ただし、本誌では「R」「TM」マークは明記しておりません。

2

第2章 位置情報を追跡するための技術とデバイス

◉

位置情報のトラッキングを実現するためには、デバイスを持つヒトやモノの位置を推定する"測位技術"と、取得した位置情報をインターネットのクラウドなど外部へ送信するための"通信技術"を組み合わせる必要がある。ここでは測位技術と通信技術のそれぞれについて、現在主流の技術と、今後普及が見込まれている新技術を紹介する。さらに、このような技術が使われた最新のデバイスもあわせて紹介する。

測位技術

スマートフォンやカーナビゲーションなど、さまざまなデバイスの位置情報を取得するのに不可欠な測位技術。屋外での測位に用いられている技術として最も普及しているGNSSのほか、衛星電波を受信するのが難しい屋内でも測位可能なWi-Fi測位やビーコン測位、PDRなどさまざまな技術がある。複数の測位技術を組み合わせたデバイスも多く、それぞれの技術の特徴を理解し、自分の使い方に合った技術を正しく選ぶことが必要となる。

GNSS（全地球衛星測位システム）

　衛星からの電波を利用して現在地の位置情報を把握する「衛星測位システム」として、多くの人に知られているのは米国の「GPS (Global Positioning System)」だろう。しかし、米国以外でもロシアの「GLONASS」や欧州の「Galileo」、中国の「BeiDou（北斗）」、インドの「IRNSS (NavIC)」、日本の「みちびき」など、各国でさまざまなシステムの開発が進められており、これらは総称して「全球測位航法衛星システム（Global Navigation Satellite System：GNSS)」と呼ばれている。

　米国のGPSは、もともとは軍事用システムとして使われていたものだったが、1990年代に民間利用が許可され、以降は船舶や航空機、測量機器のほか、コンシューマー用としてはカーナビゲーション（カーナビ）をはじめ、さまざまな機器に受信機が搭載されていった。現在は受信機の小型化が進み、カーナビだけでなく、スマートフォンやタブレット、スマートウォッチ、GNSSトラッカーなど幅広いデバイスに受信機が搭載されている。

GNSSの基本的な仕組みは、衛星から地上に向けて電波送信された信号を不特定多数の受信機が受け取り、その時刻情報をもとに時間差を計算することで受信機と衛星との距離を算出して現在地の座標を推定する。観測方法には多くの種類があるが、1つの受信機を使って4個以上の衛星電波を受信して測位する「単独測位」と、複数の受信機を使って受信機間の位置関係を相対的に計測する「相対測位」と、大きく2つに分かれる。相対測位のほうが単独測位に比べて高精度だが、機器の製造コストやサイズの問題から、一般ユーザー向けのカーナビやスマートフォン、GNSSトラッカーなどには多くの場合、単独測位の受信機が使われている。

単独測位の受信機では、精度誤差は10～30mと言われている。カーナビでは地図上の道路の線をもとに位置を補正する「マップマッチング」などの処理を行うことで、より実際の位置に近い場所に表示位置を補正することができる。

GNSSは、山岳地や、高層ビルなどの高い建築物に囲まれたエリアなどでは、衛星電波が建物や自然地形に乱反射（マルチパス）することで、衛星と受信機間での距離測定に誤差が発生し、この結果、位置情報に誤差が生じてしまう。また、電離層や対流圏の影響など、ほかにもさまざまな誤差要因がある。このため、GNSS衛星は受信できる衛星の数が多いほど測位精度が安定する場合が多い。

各国で運用中のGNSS衛星の数は2019年3月29日現在で、GPSは31機、GLONASSは24機、BeiDouは35機、Galileoは22機、IRNSSは8機、みちびきは4機（検査中の機体や予備機は除く）となる。なお、複数のGNSSに対応した「マルチGNSS受信機」を搭載したデバイスも増えている。

また、携帯電話の基地局情報をもとにサーバーから衛星軌道データを取得するAssisted GPS（A-GPS）に対応した受信機もあり、これらのデバイスでは機器の起動時に、GNSS単独での測位に比べて、より短い時間で現在地を測位できる。

準天頂衛星「みちびき」の高精度測位

　日本独自のGNSSである準天頂衛星（Quasi-Zenith Satellite System：QZSS）「みちびき」は、2010年に初号機、2017年に2号機・3号機・4号機の3機が打ち上げられて、計4機体制で2018年11月に正式にサービスが開始された。

準天頂衛星みちびき（画像提供：内閣府宇宙開発戦略推進事務局）

　みちびきはGPSと互換性を持つGNSSであり、対応受信機であればGPS衛星の1つとして扱うことが可能で、日本を中心としたアジア・オセアニア地域においてGPS衛星を補完する役割（GPS補完機能）を持っている。各国がさまざまなGNSSを展開している中で、GPS衛星と高い互換性を持ち、一体のシステムとして利用できるのは現在のところみちびきだけである。

　GNSSにおいて位置を特定するために必要な衛星の数は4機だが、安定した位置情報を取得するためには8機以上の衛星が必要とされている。しかし、GPS衛星はどの地点からも6機程度しか見ることができず、高

GPS衛星との高い互換性を実現（画像提供：内閣府宇宙開発戦略推進事務局）

い建物や山に囲まれたエリアでは見える衛星の数がさらに少なくなってしまう。

　みちびきは、日本のほぼ真上に滞在する時間を長くするために、初号機と2号機、4号機については、赤道上空を周回する静止軌道に対して、数十度傾斜させた「準天頂軌道」を採用している。準天頂軌道は、地球を止めた状態で見ると8の字を描くように動いて見える。

　なお、みちびきの4機のうち、3号機だけは静止軌道を採用している。この準天頂軌道3機、静止軌道1機の4基体制により、準天頂軌道の3機が8時間ごとに順番に高仰角の位置に現れて、日本の空では少なくとも1機以上の衛星が常に仰角70度以上の天頂付近に位置することになる。

　みちびきによる高仰角からの電波送信により、マルチパスによる誤差が改善されることが期待されている。また、衛星測位で測位精度を向上させるためには、衛星が特定方向に偏った状態で信号を受信するのではなく、広い範囲にまんべんなく配置されているほうが測位精度がよくなるため、従来のGPSにみちびきが加わることにより、測位精度がより向

上することも期待されている。

高仰角からの電波送信によりマルチパスを低減（画像提供：内閣府宇宙開発戦略推進事務局）

　みちびきにはGPS補完機能のほかに、GPSの測位精度を大幅に向上させる機能も搭載している。スマートフォンやカーナビなどに搭載される一般的なGPS受信機では誤差がおよそ10〜30mであるのに対して、みちびきの高精度測位では、対応受信機を使うことにより、誤差1〜2m以下で測位できる「サブメータ級測位」や、誤差が数cmとなる「センチメータ級測位」が実現できる。

　サブメータ級測位は、一般に利用されている測位信号の「L1C/A」と同じ形式の「L1S」という補強信号を使って精度を高める技術だ。L1S信号はL1C/A信号と同じ形式なので、既存の受信機を改良することで受信が可能となり、低コストで高精度測位を実現できる。

　一方、センチメータ級測位は、測量などに利用されている国土地理院の電子基準点のデータを利用して補正情報を計算し、それをもとにみちびきから補強情報を送信される。この補強信号には、L1C/AやL1Sとは異なるL6という信号が使われ、利用するには専用の受信機が必要となる。

L1S信号によるサブメータ級測位（画像提供：内閣府宇宙開発戦略推進事務局）

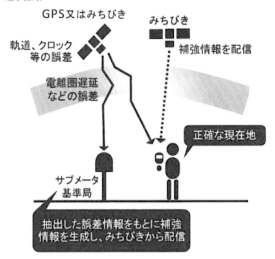

サブメータ級測位対応の受信機に比べてサイズが大きくなるので、測量機器や建設機械、農機などへの搭載が想定されている。

屋内測位

屋外での測位システムとしてGNSS測位が主流となっているのに対して、屋内測位のシステムは未だにデファクトスタンダードとなる方式が見当たらない。さまざまな方式が研究されており、工場など特定の施設において位置情報をトラッキングする用途としては、無線LAN測位やBLE測位、UWB測位などが用いられている。

無線LAN測位

無線LAN測位とは、基地局（アクセスポイント）の電界強度をスマートフォンやタブレットなどのデバイスで検知することにより現在地を推

定する技術で、Wi-Fi測位とも呼ばれている。高精度な測位を実現する
ためには、屋内に多数の基地局を設置する必要があるが、駅の構内や地
下街などの公共の場所では誤差が大きくなることもある。GNSSトラッ
カーの中には、衛星測位の付加機能として無線LAN測位機能を搭載し、
施設内やトンネル内などGNSSによる測位が難しい場合に補助的に無線
LAN測位を行う製品もある。

BLE（Bluetooth Low Energy）測位

BLEの電波を活用して測位する方法で、電波を発するBLEビーコン
をあらかじめ屋内の各所に設置することにより、スマートフォンやタブ
レットの位置を推定できるほか、逆にスマートデバイスを受信機として
使用することでBLEビーコンを携帯する人の位置を推定するという使い
方も可能だ。AppleのiBeaconやGoogleのEddystoneなどさまざま規格
がある。また、電波の到達角度より測位する「AoA（Angle of Arrival）
方式」により、誤差0.1〜1mレベルの高精度な測位を実現する「Quuppa」
も注目されている。さらに、次世代規格のBluetooth 5.1では、電波の方
向を検出可能にすることで、誤差センチメートルレベルの高精度化が実
現するとのことだ。

UWB（Ultra Wide Band）測位

500MHzから数GHzの広い周波数帯域を使って電波を拡散させること
により、誤差数十cmの高精度で測位できる。屋内各所にセンサーを設
置することにより、人や製品に付けたタグの3次元位置を推定すること
が可能だ。BLEと比較すると機器の価格や導入費用が高価だが、より高
精度な測位が可能なため、製造工場や物流倉庫などでの導入例が増えて
いる。

その他

上記のほかに、地磁気や非可聴音（超音波）、可視光、気圧などを使った測位技術もある。GPSと互換性のある信号を用いて時刻やタイミング、位置座標、メッセージ情報などを放送する「iPNT（indoor Position, Navigation, Timing）」という方法もある。

さらに、加速度センサーやジャイロを使って移動した距離や方向を求める自律航法を歩行者に適用した「PDR（Pedestrian Dead Reckoning）」についても研究が進んでいる。PDRはスタート地点で絶対位置を取得する必要があり、Wi-Fi測位など、ほかの屋内測位と組み合わせて使われることが多い。

地磁気による屋内測位を使った一般向けアプリとしては、ヤフーが提供する「Yahoo!地図」、PDRと地図情報を組み合わせたルートマッチングを活用したアプリとしては、NTTドコモが提供する「ドコモ地図ナビ powered by いつもNAVI」がある。

第2章　位置情報を追跡するための技術とデバイス　83

通信技術

GNSSなどによって取得した位置情報を管理者に送るには、3G回線やLTE回線などの携帯電話網を利用するのが主流となっているが、これらの通信手段はデバイスの消費電力が大きく、利用料が高いという課題があるため、近年はLPWAなど、位置情報トラッキングなどの広範囲なIoT通信に向けた新たなネットワークが整備されつつある。ここではそれぞれの通信技術についての現状を紹介する。

3G/4G（LTE）

　衛星測位によって得た位置情報をクラウドに送信するための通信手段として、現在最も多く利用されているのが、3G（第3世代移動通信システム）や4G（第4世代移動通信システム）などの携帯電話キャリアが提供する移動通信システムである。3G/4G回線網は現在、離島なども含めて全国を幅広くカバーしているが、山岳地や海上などで使えないエリアも依然として存在している。

　現在販売されている単体のGNSSトラッカーの多くは、特定キャリアに限定されないSIMフリーモデルであり、MVNOなどのSIMを使うことにより低コストで運用できるが、それでも一般的な通信プランでは基本料金がかかるため、IoT用途には使いづらい面もある。なお、ソラコムの「SORACOM Air for セルラー」のように、IoTの用途を想定した安価なサービスも存在する。

　GNSSトラッカーは位置情報を送信するためだけであれば大容量かつ高速な通信手段が必要ないため、3G回線のみに対応する製品が少なくない。しかし、現在は4Gが普及し、さらにその先の5G通信への移行が予

定されている中、auやSoftBankなどの携帯電話キャリアは3G回線の終了時期を発表しており、NTTドコモについても、2020年代半ばに終了することを示唆している。こうした中、GNSSトラッカーについても3Gの終了に備えて4Gに対応した端末を発売するメーカーが増えつつある。

LPWA

　IoT用のネットワークとして近年注目されているのがLPWA（Low Power Wide Area）と呼ばれる無線通信技術だ。LPWAは、低消費電力でキロメートル単位の広いエリアを対象にした技術で、「通信速度は低速で、送信できるデータ量も少なくていいが、消費電力が少なく広大なエリアで多くのデバイスとの通信を行いたい」という用途に向いている。LPWAにはさまざまな規格があり、ここでは代表的なものとして、「Sigfox」、「LoRaWAN」、「ELTRES」、「セルラーLPWA」の4つを紹介する。

Sigfox

　フランスのSIGFOX社が開発した方式で、欧米を中心に53カ国（2018年12月現在）で展開されている。通信速度は約100bps、通信距離は最大約50km。デバイスと基地局との間は日本では920MHz帯で通信し、通信は双方向ではなく、デバイスから基地局への片方向だけとなる。料金はデバイス1台あたり年額100円〜と、3G/4G回線に比べて大幅に低価格で利用できる。

　日本国内では京セラコミュニケーションシステム（KCCS）が取り扱っており、第1章で紹介した自転車盗難防止サービス「AlterLock」をはじめ、高齢者や子どもの見守りサービスや水道メーターの遠隔検針、水位・雨量監視システム、灯油タンクの残量計測など、さまざまなサービスが提供開始されている。

KCCSは2018年12月、Sigfoxの日本国内における利用可能エリアを人口カバー率90％まで拡大したと発表した。2019年1月には、スカパーJSATが運用する衛星通信回線との相互接続にも成功し、Sigfox基地局とクラウド間の通信（バックホール回線）に衛星通信回線の利用が可能となった。これにより、今後は携帯電話網や有線インターネット回線が整備されていない島嶼部や山岳地でも基地局が配置できるようになる。今後もインフラ構築を進めて、人口カバー率を2019年3月末に95％、2019年夏には97％まで拡大する予定だ。

LoRaWAN

　米Semtechが中心となって設立された"LoRa Alliance"によって策定されているオープンな技術仕様で、通信事業者として広くビジネス展開するだけでなく、企業が独自に基地局を設置して小規模なプライベートネットワークを構築することもできる。日本ではSORACOMやソフトバンク、KDDIなどが取り扱っている。通信速度は最大250kbps程度で、デバイスから基地局だけでなく、双方向でデータをやり取りできる。

　LoRa Allianceの発表によると、2019年1月13日の時点で、LoRaWANを取り扱うネットワークサービス事業者は100社となり、100カ国で利用が進められている。日本においても「日本LoRaアライアンス普及開発推進協会」が2018年11月に設立され、NECやNTTをはじめセンスウェイやネクストフィールドなどさまざまな企業が参加している。

　LoRaWANは双方向での通信が可能なため、単にデバイスから基地局へデータを送るだけでなく、デバイスにデータを送信して何らかの動作をさせる試みも行われている。日本LoRaアライアンス普及開発推進協会が設立されたこともあり、日本でも今後普及が進むことが期待される。

ELTRES

　ソニーセミコンダクタソリューションズによるIoTネットワークサー

ビスで、送信電力は20mWで、通信距離が見通し100km以上と長く、時速100km以上の高速移動体にも対応している点が特徴だ。また、端末から基地局への片方向通信に限定することにより、送信端末の低消費電力化を実現しており、コイン電池1個で動作が可能となっている。

独自技術により、ノイズの多い都市部でも高感度な通信が可能で、送信機と受信機間でGPSの時刻情報を同期することで、高精度な通信を実現している。

ソニーネットワークコミュニケーションズは、2018年9月からELTRESのプレサービスを東京都で提供開始した。プレサービス専用端末は、サイズが47×115×33.7mm、重量が130g以下。プレサービスの提供開始にあわせて、ソリューションの提案やアプリケーションの提供などのビジネス展開を検討する企業を対象としたパートナープログラムも発表した。参入企業にはELTRESの最新情報の提供やプロモーション活動の協力、セミナーや交流会、トレーニングなどさまざまな支援を行う。

LTE-M/NB-IoT（セルラーLPWA）

既存の通信事業者が提供開始を予定している規格で、無線局免許を必要とするライセンスバンドを使用する。LTEの空いた帯域を使うことで、LPWAのように省電力かつ広範囲のIoTネットワークを提供する。

LTE-Mは上り／下りの速度が1Mbpsで、移動時に電波を受信しやすい基地局に切り替えながら通信を継続するハンドオーバーが可能なため、移動時でも比較的大きなデータを安定して送信する用途に向いている。

もうひとつの仕様であるNB-IoTは、通信速度が下り27kbps／上り63kbps程度と、LTE-Mに比べると大幅に遅いが、機能がシンプルなため、デバイスを小型かつ安価に設計できる。

2018年1月にはKDDIがLTE-MによるIoT通信サービス「KDDI IoTコネクト LPWA（LTE-M）」を提供開始し、同年4月にはソフトバンクがNB-IoTの商用サービスを国内で初めて提供開始した。ソフトバンク

はCat. M1（LTE-M）も同時に提供開始している。さらに、NTTドコモも同年10月にLTE-MによるIoT通信サービスを提供開始した。

　LoRaWANなどのLPWAは免許不要で自由に設置できるため、山奥などLTEのエリア外でもIoTネットワークを構築できるという利点がある。これに対して、LTE-MとNB-IoTはいずれも通信事業者が保有する既存のLTE基地局を利用するため、新たに基地局を設置する必要がなく、既存のLTEのサービスエリアに対してすぐにサービスを提供できる。また、各通信事業者に割り当てられた専用の周波数を利用するため安定した通信が可能となる。

衛星通信

　通信衛星にデバイスから直接、位置情報データを送信することができる衛星通信は、携帯電話の電波が届かない山岳地や、陸地から遠く離れた海域など、地球上の広いエリアで利用できる。衛星通信といえば従来は衛星携帯電話をはじめとした双方向通信が主流だったが、2018年7月に日本国内で衛星通信によるGNSSトラッカー「SPOT Gen3」および「SPOT Trace」を提供開始したGlobalstarでは、地上から衛星にデータを送るだけの片方向の通信サービス「simplex」を提供しており、IoTネットワークとしても使用できる。

　同サービスでは衛星に送信できるデータの容量は1回あたり9バイトしかないが、位置情報を送信するだけであればこの容量で事足りる。なお、位置情報を送信するだけでなく、あらかじめクラウド上で登録した文面を指定したメールアドレスへ送信することもできる。

　Globalstarのほかにも、GNSSデバイスの専業メーカーであるGARMINが2018年に、Globalstarと同じく低軌道衛星を用いた衛星通信サービス「Iridium（イリジウム）」を用いた衛星通信コミュニケーター「inReach Explorer+」および「inReach Mini」を日本国内で発売した。こちらは双

方向でのメッセージ通信が可能で、緊急の場合は救助組織に対して位置情報と緊急メッセージを送ることができる。

　3G/4GモバイルネットワークやLPWAの提供事業者は、地上の通信ネットワークがカバーしているエリアに限られるが、衛星通信はそれよりも広範囲なエリアで使用できるため、高所登山などアウトドアでの使用や、沖合での船舶監視、自動車や乗り物の盗難防止など、さまざまなシーンでの利用が可能だ。

位置情報トラッキングを実現する注目の最新デバイス

　位置情報をトラッキングするための専用デバイスであるGNSSトラッカーは、これまで解説した準天頂衛星「みちびき」の高精度測位や、LPWAなどの新たなIoTネットワークへの対応などに対応した新世代の製品が登場している。ここではその中でもとくに注目される3つの製品を紹介する。

FB2003

提供会社：株式会社フォルテ

http://www.forte-inc.jp/

　青森を拠点に衛星測位デバイスや骨伝導ヘッドセットなどのウェアラブルデバイスを展開するフォルテは、2017年に準天頂衛星「みちびき」のサブメータ級測位補強サービスを実現するL1S信号に対応したGNSSトラッカー「FB102」および「FB202」をいち早く発売した。

　誤差1m程度、従来のGNSSトラッカーと比べて大幅な高精度化を実現した同製品は、価格が2万円以下と低価格を実現しており、車両管理やポスティング業務の管理など、さまざまな用途に活用されているほか、自転車レースや青森ねぶた祭における山車の位置情報管理などの実証実験にも採用された。

　このようにL1S信号に対応したデバイスの開発に早くから取り組んできたフォルテが2019年春に発売を予定しているのが、新製品の「FB2003」だ。従来機種は3G対応だったが、FB2003はLTE通信に対応し、NTTドコモとKDDI、ソフトバンクの全キャリアに対応する。また、IP65相当

の防水・防塵仕様となっているため、アウトドアでの使用でも安心で、自転車などさまざまなものに設置しやすいように筐体を覆うシリコンケースも装着可能となっている。

FB2003

　また、従来機種にはなかった自律航法（デッドレコニング）にも対応しており、ジャイロ・加速度・地磁気・気圧の4つのセンサーから取得された情報をもとに移動方向と距離を推定し、衛星測位と組み合わせることで、より高精度かつ安定した測位を実現した。同機能には「自動車」「自転車」「人」の3モードが用意されており、デバイスの用途に応じてモードを切り替えられる。これにより、電波の受信が難しい高層ビル街やトンネルの中、山岳地においても、従来よりも精度の高い測位を行える。

　もうひとつの新機能は、音声の再生機能だ。FB2003には音声ファイルをローカルストレージに保存することが可能で、ジオフェンス（地図上

で設定した仮想のフェンス）のエリアに入ったり、エリアから出たりする際に保存した音声を再生したりすることができる。インターネットから音声をプッシュ配信することも可能だ。

　さらに、FB2003には、みちびきの災害・危機管理通報サービス「災危通報」にも対応し、衛星電波で配信されるメッセージを受信することもできる。このメッセージを利用して、ストレージに保存した音声を再生することも可能だ。あらかじめストレージに外国語の音声ファイルを保存しておくことにより、外国人にも情報を伝えられる。

　FB2003のサイズは75×46×17mmとコンパクトで、重さは63.5g。バッテリー容量は1400mAh。位置情報を15秒間隔で送信した場合は約12時間使用できる。自転車やマラソンなど長時間での使用可能なスペックとなっており、今後はサイクリングツアーに訪れた観光客に対して、GNSSトラッカーと骨伝導スピーカーを使って双方向による多言語コミュニケーションを図る実証実験や、オリエンテーリングでの安全管理や位置情報可視化のサービス支援など、さまざまな実証実験を実施する予定だ。また、SigfoxやELTRESなどのLPWAに対応したGNSSトラッカーも開発中だ。

BL-02

提供会社：ビッグローブ株式会社
https://biz.biglobe.ne.jp/bl/

　位置情報をトラッキングするためのデバイスとして、GPSトラッカーなどの専用端末ではなく市販のスマートフォンを使用する事例が増えている。スマートフォンを使うメリットとしては、汎用品のためデバイスの価格が安価なこと、独自アプリを開発することで柔軟な運用ができることなどが挙げられるが、その反面、汎用品であるが故に通話機能やカメラなどの余計な機能が付いていたり、ディスプレイが大きすぎるなど

業務ユースとしては不必要にスペックが高かったりと、使いづらい面もある。

　Android端末としての汎用性を保ちながらも、業務に使いやすいシンプルでセキュリティ性の高い端末が欲しい———そんなニーズに応えてビッグローブが発売したのが、IoT端末「BL-02」だ。

BL-02（画像提供：ビッグローブ）

　BL-02は、LTEで単独通信を行える端末で、OSにはAndroid 6.0を搭載している。Androidの標準開発ツールを使ってアプリケーション開発を行える。LTE通信や無線LAN、Bluetooth、GPSなどに加えて、加速度センサーとジャイロセンサー、地磁気センサー（電子コンパス）をそれぞれ3基ずつと気圧センサー1基の10軸センサーを搭載しており、BLEビーコンやPDR（歩行者自律航法）など高精度な屋内測位にも対応するスペックとなっている。

　ディスプレイは2.8インチ（240×320ピクセル）と一般的なスマート

フォンに比べて小さく持ち運びやすい。また、スマートフォンでは当たり前となったカメラ機能も搭載されていないため、工場内において従業員による不正な撮影などが行われる心配もない。防水（IPX5相当）・防塵（IP6X相当）仕様のため屋外での使用にも安心で、さまざまな分野で業務専用機として利用できる。

このほか一般的なスマートフォンと異なる点としては、OSの設定を利用者が変更できないようにできるほか、業務に必要なアプリ以外は表示させないことも可能な点だ。また、Google Play などのアプリストアからアプリをダウンロードしてインストールすることもできない。

さらに、充電ケーブルを接続したまま使うことでバッテリーの消耗が早まって膨張するなどのトラブルが起きないように、内部のバッテリーを抜いてバッテリーレスの状態で運用することもできる。市販のスマートフォンを位置情報の送信デバイスとして使用する際に懸念されることは、BL-02を使えばほとんど解決できるはずだ。

ビッグローブが前モデルの「BL-01」を発売したのは2016年のこと。MVNO提供会社である同社が法人向けの独自デバイスとして開発したBL-01は、さまざまな企業で実証実験が行われ、そこから見えた課題に対策を施してリニューアルしたのが、2018年に発売した「BL-02」だ。BL-01では3G対応だったのがBL-02ではLTEに対応し、センサーも3軸から10軸へと強化された。さらに、前述したようにバッテリーレスにも対応し、よりさまざまなシーンで使いやすくなった。

BL-02の活用事例としては、工場や屋外におけるスタッフの位置管理や作業指示、工場内の設備機器やショッピングモールにおけるカートなどの位置管理、高齢者や子どもの見守り、医療・介護向けのウェアラブル端末などが挙げられる。ユニークな使い方としては、車のダッシュボードに固定して運転することで車両の振動を収集し、道路の舗装状況を調査するといった活用事例もある。

このほか、さまざまな外部センサーからの情報をクラウドにアップロー

ドするセンサーゲートウェイとしても使ったり、翻訳専用端末として活用したりと、位置情報のトラッキング以外の用途にも利用できる。

ビッグローブ株式会社の村上隆浩氏（法人事業本部 副本部長）は今後のBL-02の展開について、「現在、社会課題となっている労働力不足を解決するため、BL-02を業務効率化や安全管理、環境計測などさまざまな用途に役立てていただきたいと思います」と語る。Android という汎用のプラットフォームを採用しながらも、IoT用途に絞ったというこのBL-02を使って、今後どのようなサービスが生まれるのか注目される。

SPOT GEN3

提供会社：株式会社Globalstar Japan

http://www.globalstar.co.jp/product/spot-gen3.html

低軌道周回衛星を用いた衛星通信サービスを提供する Globalstar Japanが2018年7月に提供開始した「SPOT Gen3」は、人が身に付ける用途を想定したGPSトラッカー（GPSメッセンジャー）だ。アウトドアで映えるオレンジ色のデザインで、カラビナストラップが付いており、バッグやベルトなどさまざまな部分に装着できる。

一定時間ごとに位置情報を衛星に向けて送信することが可能で、送信間隔は標準で最短5分、追加プラン申込で最短2分30秒も選択可能。緊急時に位置情報を知らせるSOSボタンや、平常時に無事を知らせるためのチェックインボタン、あらかじめ登録したメッセージを送信するメッセージボタンなどを搭載している。サイズは87.3×65×25.4mm。バッテリーは単4形リチウム電池4本を使用し、重量は電池込みで114g。

Globalstar Japan の衛星通信は、データをいったん地上局に送り、遠方との通信は地上のネットワークを使用する「ベントパイプアーキテクチャー」を採用しており、システムを更新する際に衛星自体を更新する必要がなく、地上局の設備だけをアップデートするだけで済むというメ

SPOT Gen3

リットがある。2019年1月、Globalstarの地上局は世界中に23カ所あり、日本周辺は韓国とロシアに設置された地上局がカバーしている。

　データのやりとりはデバイスから衛星への片方向で、1つのメッセージを送信する際は20分間に3回送信する。Globalstarの衛星は32機で、1つの衛星で直径約5000kmのエリアをカバーする。地球上のほとんどの地域において、空がひらけている状態であれば、絶えず2〜3機の衛星と通信できる。

　前述したSOSボタンを押すと、その通報は米国にある国際緊急対応調整センターに送られ、ユーザーがあらかじめ登録した連絡先に確認を行った上で受け手各国の関係各所に連絡し、現地にレスキュー部隊が向かう流れとなっている。

　同社はSPOT Gen3のほかに、自動車などモノに搭載することを想定した「SPOT Trace（スポット トレース）」も販売している。サイズは51.3

SPOT Trace（画像提供：Globalstar Japan）

×68.3×21.4mm、重量は87.9g。SPOT Traceには振動検知機能を搭載しており、移動することで振動を感知すると位置情報を送信できる。また、無駄な通信を抑えられる「ドックモード」や、SPOT Traceを搭載した車両などが安全であることを1日1回のアラートで通知する機能なども搭載する。さらに、デバイスの電源やバッテリー低下をアラートで通知する機能も搭載している。

※本文中の部署名、役職名、サービス名、デバイスの画像、価格などの内容は取材時（2018年11月〜2019年1月）のもので、書籍発売時とは異なる場合があります。
※記事中のサービス、ソフトウェア、ハードウェア、システムなどの名称は一般に各社の登録商標または商標です。ただし、本誌では「R」「TM」マークは明記しておりません。

第3章 動態管理サービス／ソリューションガイド

位置情報をリアルタイムにトラッキングする動態管理サービスや
ソリューションは、携帯電話キャリアや地図会社、コンテンツプ
ロバイダーなど、大手からベンチャーまでさまざまな企業が提供
しており、中には動態管理サービスを事業の柱にしている企業も
ある。ここでは各サービス／ソリューションの特徴についてそれ
ぞれ詳しく紹介する。

「docoですcar NEXT」―――安全運転支援サービスも利用可能なドコモの動態管理

提供会社：株式会社NTTドコモ

https://www.nttdocomo.co.jp/biz/service/docodesucar/

　ドコモグループが、動態管理サービスとして2001年と早い時期から提供していた「docoですcar」。現在は動態管理サービス「docoですcar NEXT」と安全運転支援サービス「docoですcar Safety」の2つのサービスを用意している。

　提供開始した当時は位置情報を発信するデバイスとしてGPSトラッカーを使用していたが、現在のdocoですcarサービスでは通信型ドライブレコーダーやスマートフォン、タブレットも使用可能となっている。

　中でも人気が高いのは、2017年から提供開始した通信型ドライブレコーダーで、現在は8割以上の顧客がドライブレコーダーを選択しているという。なお、ドライブレコーダーには前方カメラのみを備えたものと、後方も映せる2カメラ仕様の製品の2種類を揃えている。

　ドライブレコーダーはシガーソケット給電のため、顧客自らが取り付けて、すぐに利用を開始できる。料金については、サービス利用料のほかにドコモのLTE回線の通信料金がかかるが、すでにドコモのスマートフォンや携帯電話を導入済みの場合は、余ったパケット料金を「docoですcar」の利用料に割り振ることにより、安価に運用することもできる。

　動態管理サービスのdocoですcar NEXTでは、位置情報の送信間隔は1分間に1回の頻度で送信可能で、PCやスマートフォンのウェブブラウザーを使って、地図上に端末の現在地を表示できる。複数の車両を地図上に一度に表示させることも可能だ。

　なお、位置情報の送信デバイスにスマートフォンを使っている場合は、管理者側からメッセージを送信することが可能で、スマートフォン側からも「荷下ろし」「休憩中」などのステータス更新を行える。また、ドラ

通信型ドライブレコーダー（画像提供：NTTドコモ）

イバーが車両から降りたあとも、端末を持ち歩くことにより、人の動態を管理することも可能となる。

　安全運転支援サービスのdocoですcar Safetyは、通信型ドライブレコーダーやスマートフォンから取得した加速度センサーの情報をもとに、急ブレーキや急発進などの危険運転を検知し、安全診断結果を行う。その結果は、クラウド上で一元管理され、全事業所で統一した安全運転教育が可能となるほか、燃費削減にも貢献する。ドライブレコーダーを使用する場合は、危険運転映像をリアルタイムに確認することもできる。

　また、docoですcarの通信型ドライブレコーダーには内蔵するICカー

管理画面(画像提供:NTTドコモ)

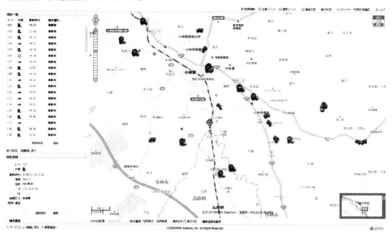

安全運転診断の画面(画像提供:NTTドコモ)

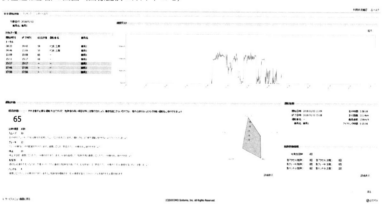

ドリーダーにより、免許証などによる個人認証を行えるモデルもある。誰が運転していたのかを簡単に管理することが可能なため、ドライバーごとに安全運転の診断を行える。

「ビジネスナビタイム 動態管理ソリューション」———大型車にも対応する充実したカーナビ機能がドライバーに人気

提供会社：株式会社ナビタイムジャパン

http://fleet.navitime.co.jp/

　自家用車や鉄道、バス、飛行機、徒歩など、移動手段を問わず目的地までの行き方を調べられる検索サービス「NAVITIME」を提供するナビタイムジャパン。同社が法人向けに提供している「ビジネスナビタイム 動態管理ソリューション」は、iPhone/Android向けの専用アプリをインストールしたデバイスを車内に設置したり、ドライバーが携帯したりすることにより、ドライバーの位置情報を管理者がリアルタイムに追跡できるサービスだ。

　同サービスの特徴は、ドライバー用アプリのナビゲーション機能が充実している点だ。同社が提供しているカーナビアプリ「ドライブサポーター」の有料機能とほぼ同等の機能を利用可能で、右左折の音声案内や方面看板、交差点3Dイラスト、レーンガイド、オービス情報などを含めた、車載カーナビと遜色のないナビゲーションを提供する。

　渋滞情報については、オンラインナビの特性を活かして1分ごとに更新されるVICS渋滞情報に加えて、ナビタイムのアプリユーザーの移動ログ（プローブ情報）を活用している。これらにより現在の渋滞だけでなく未来の渋滞予測を考慮し、最適なルートを案内する。プローブ情報を活用することで、新しい道路を見つけて地図を生成することもでき、到着予想時刻の精度も高く、その誤差は5分以内に収まるという。対向車線を横断しないための出発時の左折設定や、目的地に横付けで到着するための設定など細かい指定が可能なほか、リアルタイムで駐車場の満空情報も取得できる。

　また、車高や車幅、大型車規制を考慮したルート検索も可能で、同社が提供するトラック専用の業務用カーナビアプリ「トラックカーナビ」

充実したカーナビ機能が魅力のドライバー向けアプリ（画像提供：ナビタイムジャパン）

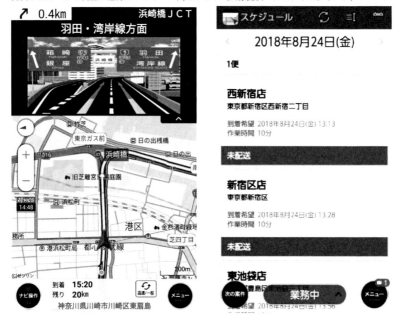

とほぼ同等の機能を利用できる。

　ドライバー用アプリでは、このほかに「業務外」「移動中」「作業完了」などのステータスの更新や、地図や電話番号、特記事項などの訪問先情報、当日の作業内容、作業報告、写真送付などの機能も利用できる。

　管理者側の機能としては、PCのウェブブラウザーを使って、地図上に車両の現在地やステータス、訪問先の到着予想時間がリアルタイムに表示される。スマートフォンからのステータス変更や新着メッセージの受信をリアルタイムに通知するほか、ドライバーにメッセージを送信して業務依頼も行える。また、荷主向けに、特定の車両のみを動態管理画面へ表示する機能も搭載している。

　複数の訪問先に対して効率的な訪問順と最適な経路や出発時間を算出することも可能で、訪問先の一括登録や、配車計画の一括取り込みなど

管理者用の画面（画像提供：ナビタイムジャパン）

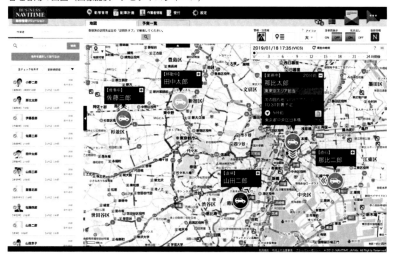

も行える。午前便・午後便など1日の訪問を複数の便に分けて配車を計画することもできる。

　このほかに日報作成機能も搭載しており、所定の書式に移動履歴やステータス更新履歴を記載したExcelファイルを出力できる。また、ドライバー側から管理者への遅延通知や、訪問先に対する到着予想時間の通知なども行える。

　同社は2018年9月に、空間情報サービスを提供するパスコとの業務提携により、パスコの物流ソリューション「LogiSTAR配車管理簿」と「ビジネスナビタイム動態管理ソリューション」を連携して、より高度な配送計画からナビゲーションまでをワンストップで提供する体制を整えた。さらに、2018年10月には、医薬品物流を扱うアルフレッサとの共同開発により、「ビジネスナビタイム動態管理ソリューション」をベースとした医薬品配送支援ツール「saios」を提供開始した。今後もさまざまな企業との連携を図りながら、ナビゲーションという強みを活かした動態管理ソリューションを展開していく方針だ。

「iField」————位置情報付きの作業指示など便利機能が満載、屋内測位にも対応可能

提供会社：マルティスープ株式会社

https://www.multisoup.co.jp/service/ifield/

　2003年にNTTドコモの法人向け位置情報サービスに対応したGPS位置情報管理システム「Mapism」をリリースし、2005年にはNTTドコモのiアプリに対応した位置情報による報告管理システム「Mshot Location」、2008年にはモバイル対応物件管理システム「Mpoint Manager」をリリースするなど、早くから位置情報ソリューションを提供してきたマルティスープ。同社が提供するモバイル位置情報／フィールド業務支援ソリューション「iField」は、保守・点検や調査、工事、配送などさまざまな現場での作業を支援するツールだ。

　iFieldは、フィールド業務スタッフが持つスマートフォンやタブレットの位置情報を地図上で可視化するとともに、作業報告書を作成・送信する機能や、メンバーへの作業指示・コミュニケーションを取る機能、物件や設備、工事現場や配送先などを管理するプレイス管理機能、関連書類確認機能などさまざまな機能を持っている。メンバーの状況を地図上で確認できるステイタス・トラッキングの機能も搭載しており、管理者側でタイムライン表示できるほか、勤怠管理にも利用できる。メンバーの行動データを収集することで行動分析に役立てることも可能だ。

　iFieldならではの便利な機能として、作業指示のメッセージに位置情報を付加して送信できる機能が挙げられる。例えば管理者側から「顧客から緊急に連絡があったので、すぐに現地に向かうように」という指示を出す場合に、プレイス機能で現場を指定できる。作業指示を受け取ったメンバーは地図上で目的地をすぐに確認することが可能で、Googleマップのナビゲーション機能に従って現地にすばやくたどり着ける。

　iFieldはさまざまな業種に合わせたカスタマイズにも対応しており、専

管理者画面（画像提供：マルティスープ）

作業指示のメッセージに位置情報を付加できる（画像提供：マルティスープ）

用機能や専用画面、他システムとの連携、背景地図データの変更などにも対応する。また、インターネットから隔離された閉域ネットワークでの運用にも対応しており、警察のシステムに採用された実績もある。

全機能を網羅した標準サービスiFieldのほかに、機能を絞ることで低価格を実現した「iField Light」シリーズや、屋内位置情報ソリューション「iField Indoor」も用意している。「iField Light」シリーズには、メン

第3章　動態管理サービス／ソリューションガイド | 107

バー管理および動態管理、管理者側からの現在地検索、ステータス表示機能などを備えた「iField TRACKING」と、メンバー管理と報告書機能、プレイス機能に絞った「iField REPORT」の2種類がある。

アプリ上で報告書を作成できる（画像提供：マルティスープ）

　iField Indoorは、GPSの届きにくい屋内の工場や倉庫、プラント、工事現場、病院などの施設内において、人や車両、製品や道具、機械などの動きを屋内地図上で可視化するソリューションで、屋内施設の仕事状況をリアルタイムに確認できる。屋内測位の方式としては、BLEビーコンによる測位やUWBなどさまざまな方式に対応している。取得した位置情報を、屋内地図のネットワークデータ（経路情報）と照合して、マップマッチングにより軌跡を整えることも可能だ。

　マルティスープ代表取締役の那須俊宗氏はiFieldについて、「フィーチャーフォン時代から位置情報に対応した報告管理ツールを手がけてき

屋内の位置情報をリアルタイムに表示(画像提供:マルティスープ)

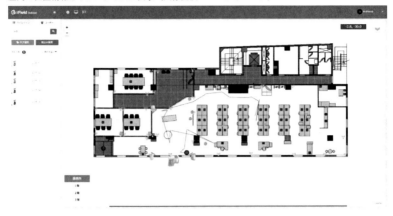

マップマッチングにより軌跡を整えて表示(画像提供:マルティスープ)

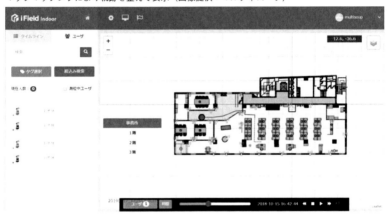

たことで、細かい部分で使い勝手の良さや便利さを感じていただけると思います」と語る。その使い勝手の良さが評価され、インフラ業やメンテナンス業、建設会社、調査会社など数多くの企業への導入実績を持っている。

第3章 動態管理サービス/ソリューションガイド 109

「いつも NAVI 動態管理サービス」「テレマティクスサービス」
───アプリを入れるだけで使用可能、新ナビ基盤も提供開始

提供会社：株式会社ゼンリンデータコム
http://www.zenrin-datacom.net/business/tracking

　住宅地図をすべての都道府県で展開する唯一の地図会社であるゼンリン。そのゼンリンの地図データを国内の主要な地図サイトや旅行サイトに提供しているのがゼンリンデータコムだ。

　同社が提供するクラウド型サービス「いつもNAVI動態管理サービス」は、開発不要でスマートフォンさえ用意すればアプリをインストールするだけで1ユーザーからでもすぐに利用できるパッケージサービスだ。作業者の動態情報を把握できるほか、スマートフォンの位置情報を活用して車両の運行管理や配送スケジュール、調査・作業など、移動を伴うさまざまな業務を支援する。

「いつもNAVI動態管理サービス」の管理画面（画像提供：ゼンリンデータコム）

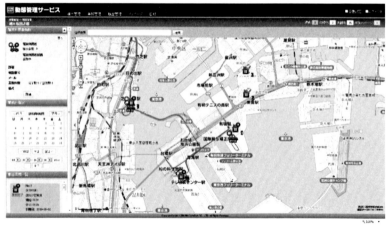

　管理者はリアルタイムでスタッフの位置情報を確認することが可能で、

スタッフごとに移動・作業・休憩・待機などのステータス管理や作業予定の管理などを行える。トラックやバスの配送管理や、調査・検針・保守・メンテナンスの管理、営業やポスティングなどのフィールドワーク管理など、さまざまな用途に活用できる。

「いつもNAVI動態管理サービス」作業予定の管理画面（画像提供：ゼンリンデータコム）

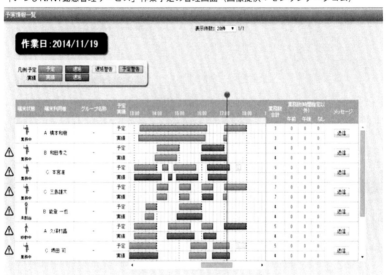

　ゼンリンデータコムはこのほかに、物流・配送業界をはじめとした各種車両業務向けにさまざまな端末を動態管理や帳票作成、安全運転管理に利用できる「テレマティクスサービス」も提供している。位置情報の送信デバイスとしては、シガーソケット接続のGNSSトラッカーや通信型OBD-II端末などの専用端末のほか、スマートフォンやタブレットも使用可能だ。
　テレマティクスサービスでは、カーナビを業務システムやスマートフォンアプリに組み込むための新しいカーナビ開発基盤「Z-nav」を2018年11月から提供開始している。Z-navは、iOSやAndroidのほか、Windows

第3章　動態管理サービス／ソリューションガイド | 111

「テレマティクスサービス」で使用するOBD-II端末（画像提供：ゼンリンデータコム）

「テレマティクスサービス」管理者用の画面（画像提供：ゼンリンデータコム）

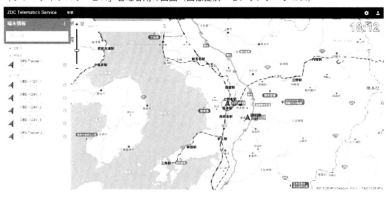

やLinux、QNXと幅広いOSに対応予定で、Z-navのライブラリを利用することにより、ナビ機能をスマートフォンアプリに簡単に組み込める。地図画面は2D/3Dマップのほか、使用中にモバイルネットワーク通信を行う「通信版」ではゼンリン住宅地図データや、国土地理院の数値標高

データを用いた山並みの3D画像なども表示できる。

ルート検索は「推奨」「一般道優先」「高速優先」「距離優先」の4種類のほか、通信版では大型車に考慮したルート探索も可能で、車高や車幅を登録することで道幅の狭い道路や高さ制限のあるトンネルなどを避けて、大型車向けの季節・時間規制を考慮したルートを探索できる。また、通信版では、正確な建物到着地点を示す「ドアtoドア機能」も利用可能で、目的値の建物入口を探すストレスを軽減する。

Z-navのカーナビ画面（画像提供：ゼンリンデータコム）

屋内向けの動態管理サービスとしては、「物流向け動態可視化サービス」も提供している。同サービスは、衛星測位の電波が届かない屋内において、商業施設や物流倉庫、工場、空港などにおけるさまざまな施設内での業務効率化を支援する。BLEビーコンやPDR、地磁気、UWBなどさまざまな測位技術を使って、屋内の物流プロセスにおけるモノや人の流れをリアルタイムに把握することが可能だ。カメラなどの画像を使って自己位置を推定する「Visual SLAM」という測位方式の研究も進めている。さらに、物流コンサルティング会社の日通総合研究所と連携して、

第3章　動態管理サービス／ソリューションガイド | 113

フォークリフトや作業者の行動データを可視化・分析し、業務改善などの提案を行うサービスも提供している。

ゼンリンデータコムは2017年8月に、ネオスと共同で、ショッピング施設においてタブレットと位置情報センサーを搭載した「スマートキッズカート」の実証実験を実施した。同実験ではBLEビーコンを商業施設内に配置し、来店顧客の移動軌跡や滞留状況などのデータを取得した。今後はこのような顧客動線分析データのマーケティング活用など、物流向けだけでなくIoT事業への展開も目指している。

「Cariot」———Salesforceを使って車両やドライバーの各種情報を一元管理

提供会社：株式会社フレクト

https://www.cariot.jp/

クラウド型の営業支援・CRM（Customer Relationship Management：顧客管理）ツールとして定評のある「Salesforce」をベースとしたマルチ・クラウドインテグレーションサービスを提供するフレクト。同社が提供するリアルタイム車両管理サービスが「Cariot」だ。

同サービスでは、GPSを搭載したIoTデバイスを車両に取り付けることにより、リアルタイムに位置情報を可視化できるだけでなく、車両情報やドライバー情報、日報などさまざまな情報を一元管理できる。

シガーソケット一体型タイプ（左上）、アンテナ分離タイプ（右上）、OBD2接続タイプ（左下）、ドライブレコーダータイプ（右下）（画像提供：フレクト）

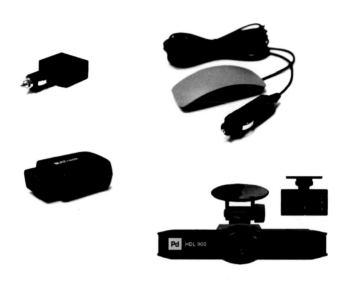

　車両情報管理機能としては、車検証情報や保管場所、リース先情報を管理できるほか、レポート集計や走行データをもとに、走行距離に応じてタイヤ交換やオイル交換のメンテナンスを知らせることができる。ドライバー情報管理では、ドライバーの部署や免許証番号、免許証の有効期限、緊急連絡先などを管理することが可能で、免許の期限切れなど項目ごとにレポート集計やアラートメールの送付が可能だ。

現在地をリアルタイムに表示（画像提供：フレクト）

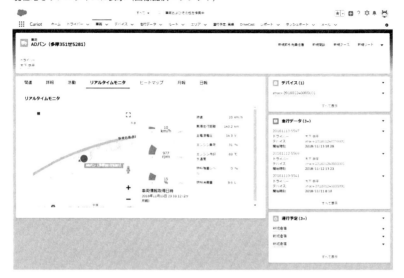

　よく使うルートや配送先、取引先などを地図上に登録することが可能で、各車両がどのようにルートを回っているかを把握できる。また、拠点には仮想のフェンス（ジオフェンス）を、円形や多角形などさまざまな形や大きさで自由に設定できる。ジオフェンスに車が出入りすることにより、滞在時間や出発時間、到着時間などを自動的に算出可能で、次の拠点にメールを送付したり、各拠点に立ち寄った回数を自動的に集計したりすることができる。

　ユニークな機能としては、車の滞留状況を可視化するヒートマップ機能がある。期間を設定して車の移動が滞留していた場所を地図上で確認することが可能で、ルート配送で効率が悪い箇所を見つけて、迂回ルートを検討できる。また、新人ドライバーと熟練ドライバーで滞留状況を比較することにより、業務の効率アップにつなげることもできる。

　このほか、車両の現在地をさまざまな人にシェアできる「DriveCast」という機能も搭載している。車両ごとに個別のURLを発行できるため、

共有したい期間やパスワードなどを設定して、荷主・荷待ちの企業や取引先に対して車の現在地を知らせることが可能だ。

車両の現在地をシェアできる DriveCast（画像提供：フレクト）

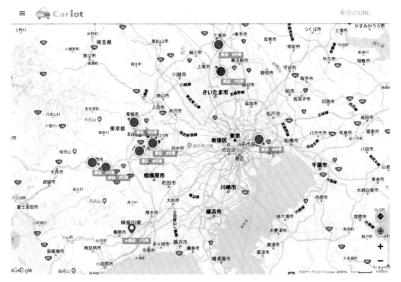

　複数のドライバーで車をシェアする場合に、運行の予約を登録する仕組みも用意している。会議室予約システムのようなユーザーインターフェイスで予約状況を可視化し、使用したい時間帯を登録できる。

　走行履歴をもとにレポートを作成する機能も搭載しており、車両利用報告書として車両名やドライバー、日時、走行距離、目的地などをまとめたレポートが自動生成される。レポートをExcel形式で出力することも可能だ。また、急加速・急減速・速度超過などの危険運転を記録・集計する機能もあり、これをもとにドライバーに運転指導を行える。位置情報の送信デバイスにドライブレコーダーを使っている場合については、危険挙動があった前後10秒の動画データが位置情報とともにインターネット上にアップロードされる。

走行データ（画像提供：フレクト）

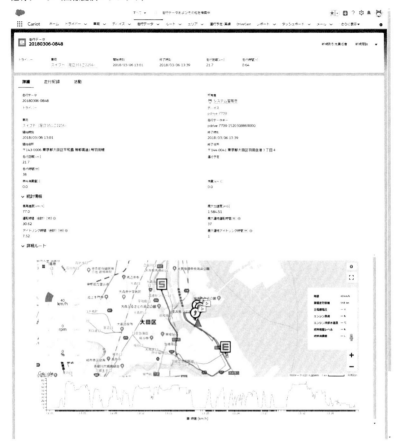

　ほかにもさまざまな集計レポートを作成する機能を搭載しており、危険運転回数や滞在時間、深夜の運転が多いドライバーの抽出、休憩を取らずに走行しているドライバーの抽出など、多彩な切り口でカスタマイズできる。さらに、このような複数の分析レポートを集約して目的に応じてダッシュボードを作ることも可能で、PDCAに対する成果を確認するのにも便利だ。

「ugomeki」———初期費用なしで1ユーザーから使用開始できるシンプルさが魅力

提供会社：株式会社ゴーガ

https://www.ugomeki.com/

Google Mapsプレミアパートナーとして「Google Maps Platform」を取り扱っているゴーガは、車両やフィールドスタッフの位置情報をリアルタイムにトラッキングできる動態管理システム「ugomeki」を提供している。

ugomekiは、AndroidアプリやiOSアプリをインストールしたスマートデバイスをスタッフに持たせたり、専用端末を車両に搭載したりすることにより、Googleマップ上で現在地を表示できる。利用料は1ユーザーあたり月額1200円（税抜）とリーズナブルだ。

あらかじめ用意された機能のみを利用する場合は初期費用もかからず、1ユーザーから使用できるので、小規模な組織には最適な動態管理サービスと言える。地図上に表示するアイコンのデザインなどはあらかじめテンプレートが用意されているが、さらに複雑なカスタマイズが必要な場合は有料にて対応することも可能だ。

位置情報の送信間隔は最短で5秒と短く、管理画面から送信間隔を変更することもできる。また、管理者とスタッフ間でメッセージのやり取りを行うことも可能で、管理者からスタッフへのメッセージ送信についてはプッシュ通知も行える。地図上でのスタッフ（人や車両）の移動履歴は一覧表示され、過去に遡って状況確認することが可能であり、この履歴をグループ化することもできる。

「ugomeki」ならではのユニークな点としては、「リアルタイムしっぽ表示」という機能が挙げられる。これは、直近5分までの移動ラインを"しっぽ"のように地図上で表示させることが可能で、しっぽの長さなども変更できる。

管理画面(画像提供:ゴーガ)

ルート表示(画像提供:ゴーガ)

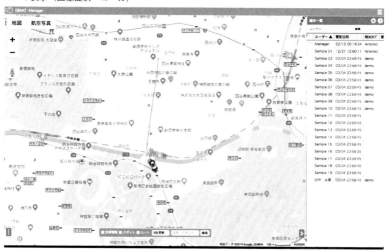

　Googleマップを背景地図に使用しているため、Googleマップの標準機能である住所・地名検索や目的地を指定してのルート表示、スポット表

示、渋滞情報の表示、動態と連動したストリートビューの表示なども行える。

ugomekiは2019年内に大幅なリニューアルを予定しており、IoTへの対応を図り、静的な情報の表示なども追加される予定だ。価格も安く、導入についてもアプリをインストールするだけで簡単に使い始められるので、幅広い業種に対応するサービスと言えるが、中でもとくに配送業に人気だという。

「Bus Catch」———中小規模の送迎ニーズに応える充実機能のバスロケサービス

提供会社：VISH株式会社

https://www.vish.co.jp/

バスの運行状況をリアルタイムに運営管理者や乗客に知らせるバスロケーションシステム（バスロケ）は、さまざまな企業が提供しているが、中でも自動車教習所やスイミングスクール・スポーツクラブ、保育園・幼稚園など中小規模の送迎ニーズに高い実績を持つのが、VISHが提供するクラウド型バスロケーションサービス「Bus Catch（バスキャッチ）」だ。

同サービスが提供開始されたのは2006年で、現在は全国で1500施設以上の採用実績を持っている。当初はNTTドコモ製の車載端末を使用していたが、以後、独自の専用車載GPS機器を開発し、信頼性と利便性を高めている。

この車載端末は特殊な設置工事が不要で、顧客自らが簡単に取り付けられるため、初期費用が安価ですぐに使用を開始できる。専用端末は業務用IP無線にも対応しており、NTTドコモの通話エリアであれば事務所や車両間において高品質な無線通話を行える。また、カーナビゲーション機能を搭載し、送迎指示が可能なタブレット車載器も用意している。

管理画面上では、地図上でバスの位置をリアルタイムに確認すること

IP無線に対応した専用端末（画像提供：VISH）

ハンディタイプの専用端末（画像提供：VISH）

が可能で、各路線のバス停の位置も表示される。また、過去の走行記録も閲覧可能で、路線上の各地点を通過した時刻を詳細に確認できる。
　Bus Catchには、業種別にさまざまなソリューションが用意されてお

管理画面（画像提供：VISH）

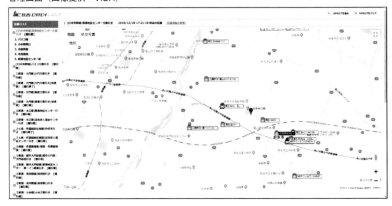

過去の走行記録（画像提供：VISH）

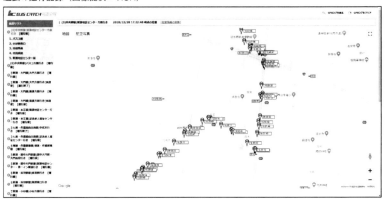

り、たとえば自動車学校・教習所向けには、定期運行によるルート送迎や予約制による送迎、教習生の自宅付近にバス停を決めて送迎する「ポイント送迎」、自宅への送迎など、さまざまな形態に対応できる。メインをポイント送迎にして、一部を定期運行するなど複数を組み合わせることも可能だ。

　また、幼稚園・保育園向けには、欠席・遅刻・バス不要の連絡管理機能や、園児管理・職員管理、保育料管理などの機能を持つ「園支援シス

第3章　動態管理サービス／ソリューションガイド　123

テム」、スイミングスクールや各種レッスンスクール向けには、会員情報管理や会費管理、レッスンの欠席や振替出席の連絡などを行える「スクール支援システム」なども用意している。

このほか、デイサービス（デイケア）・通所介護施設向けやデマンド交通・オンデマンドバス向け、公共バス・コミュニティバス向けのソリューションを用意しているほか、Bus Catchとは別に、営業車両・社用車管理向けの位置情報管理サービスとして「アクセルGPS」というサービスも用意している。

最近では公共バスの案件も増えており、富山県射水市のコミュニティバス「きときとバス」や、福井県敦賀市コミュニティバスなどのバスロケシステムに採用されている。この2つのコミュニティバスについては、いずれもグループ会社であるヴァル研究所と連携して、経路検索アプリ「駅すぱあと」においてバスの現在地をリアルタイムに確認できる「バス運行状況機能」への対応を図っている。駅すぱあとのアプリで経路を検索し、検索結果に射水市や敦賀市のコミュニティバスが含まれる場合は、現在地や到着予想時間、遅延分数などが表示される。

駅すぱあとアプリでバスの運行状況を確認（画像提供：ヴァル研究所）

検索結果詳細　　　　　バス運行状況　　　　　バスの現在地

今後はこのような公共バスにも積極的に取り組むほか、「スクール支援システム」などバスロケ以外の機能も含めてトータルに施設の運営を支援できるシステムも拡充していく方針だ。

※本文中の部署名、役職名、サービス名、地図画面、アプリ画面、デバイスの画像、価格などの内容は取材時（2018年12〜2019年1月）のもので、書籍発売時とは異なる場合があります。

※記事中のサービス、ソフトウェア、ハードウェア、システムなどの名称は一般に各社の登録商標または商標です。ただし、本誌では「R」「TM」マークは明記しておりません。

参考文献

西 修二郎（2016）『衛星測位入門―GNSS測位のしくみ』技術堂出版
内閣府『みちびき（準天頂衛星システム：QZSS）公式サイト-内閣府』
＜ http://qzss.go.jp/ ＞
西尾信彦（2018）『図解よくわかる 屋内測位と位置情報』日刊工業新聞社
京セラコミュニケーションシステム株式会社『すべてのモノが「つなが
る」新たな未来へ。IoTネットワーク「Sigfox」』
＜ https://www.kccs-iot.jp/ ＞
Bluetooh SIG『Enhancing Bluetooth Location Services with Direction
Finding』＜ https://www.bluetooth.com/bluetooth-resources/paper-enh
ancing-bluetooth ＞
LoRa Alliance『LoRa Alliance』＜ https://lora-alliance.org/ ＞
ソニーセミコンダクタソリューションズ株式会社『ELTRES』
＜ https://www.sony-semicon.co.jp/products_ja/eltres/index.html ＞
KDDI株式会社『新たなIoT通信「KDDI IoTコネクトLPWA」の提供開
始について』＜ http://news.kddi.com/kddi/corporate/newsrelease/201
7/11/16/2797.html ＞
ソフトバンク株式会社『日本初、NB-IoTの商用サービスを開始』＜ https://
www.softbank.jp/corp/group/sbm/news/press/2018/20180426_02/ ＞
株式会社NTTドコモ『（お知らせ）IoTサービス向け通信方式「LTE-M」
を提供開始』＜ https://www.nttdocomo.co.jp/info/news_release/2018/0
9/26_00.html ＞
株式会社Globalstar Japan『Globalstar』
＜ http://www.globalstar.co.jp/ ＞
ガーミンジャパン株式会社『ガーミン GPSナビ機能搭載　ハンドヘル

ド型衛星コミュニケーター　inReach Mini「インリーチ ミニ」が10月
4日(木)から発売』
＜ https://www.garmin.co.jp/news/pressroom/news2018-0926-garmi
n-inreach-mini/ ＞

著者紹介

片岡 義明（かたおか よしあき）

フリーランスライター。地図や位置情報に関することを中心テーマとして取り組んでおり、インターネットの地図サイトから測位システム、ナビゲーションデバイス、法人向け地図ソリューション、紙地図、オープンデータなど幅広い地図・位置情報関連トピックを追っている。測量士。インプレスR&Dから著者『こんなにスゴイ！地図作りの現場』、共著書『位置情報ビッグデータ』『アイデアソンとハッカソンで未来をつくろう』が発売中。

◎本書スタッフ
アートディレクター/装丁： 岡田 章志
編集協力： 須藤 晶子
デジタル編集： 栗原 翔

●お断り
掲載したURLは2019年3月26日現在のものです。サイトの都合で変更されることがあります。また、電子版では
URLにハイパーリンクを設定していますが、端末やビューアー、リンク先のファイルタイプによっては表示されない
ことがあります。あらかじめご了承ください。
●本書の内容についてのお問い合わせ先
株式会社インプレスR&D　メール窓口
np-info@impress.co.jp
件名に「『本書名』問い合わせ係」と明記してお送りください。
電話やFAX、郵便でのご質問にはお答えできません。返信までには、しばらくお時間をいただく場合があります。
なお、本書の範囲を超えるご質問にはお答えしかねますので、あらかじめご了承ください。
また、本書の内容についてはNextPublishingオフィシャルWebサイトにて情報を公開しております。
https://nextpublishing.jp/

●落丁・乱丁本はお手数ですが、インプレスカスタマーセンターまでお送りください。送料弊社負担にてお取り替えさせていただきます。但し、古書店で購入されたものについてはお取り替えできません。

■読者の窓口
インプレスカスタマーセンター
〒 101-0051
東京都千代田区神田神保町一丁目 105番地
TEL 03-6837-5016／FAX 03-6837-5023
info@impress.co.jp

■書店／販売店のご注文窓口
株式会社インプレス受注センター
TEL 048-449-8040／FAX 048-449-8041

位置情報トラッキングでつくるIoTビジネス

2019年4月19日　初版発行Ver.1.0（PDF版）

著　者　片岡 義明
編集人　錦戸 陽子
発行人　井芹 昌信
発　行　株式会社インプレスR&D
　　　　〒101-0051
　　　　東京都千代田区神田神保町一丁目105番地
　　　　https://nextpublishing.jp/
発　売　株式会社インプレス
　　　　〒101-0051　東京都千代田区神田神保町一丁目105番地

●本書は著作権法上の保護を受けています。本書の一部あるいは全部について株式会社インプレスR&Dから文書による許諾を得ずに、いかなる方法においても無断で複写、複製することは禁じられています。

©2019 Yoshiaki Kataoka. All rights reserved.
印刷・製本　京葉流通倉庫株式会社
Printed in Japan

ISBN978-4-8443-9695-6

NextPublishing®

●本書はNextPublishingメソッドによって発行されています。
NextPublishingメソッドは株式会社インプレスR&Dが開発した、電子書籍と印刷書籍を同時発行できるデジタルファースト型の新出版方式です。https://nextpublishing.jp/